동물들의 말말말

동물들의 말 말 말

스즈키 도시타카 · 야마기와 주이치 지음
김재민 옮김

데이원

지은이 **스즈키 도시타카**

'새가 된 연구자'. 박새라는 들새를 대상으로 울음소리의 의미와 역할을 7년 이상 연구했다. 길게는 1년 8개월 동안 나가노현의 숲에 머물며 박새의 일거수일투족을 관찰했다. 그 결과 박새의 울음소리에 단어와 문법이 존재한다는 사실을 세계 최초로 밝혀내며 학계의 큰 주목을 받았다. 현재는 동물의 인지 능력과 언어의 기원을 탐구하며, 인간과 동물의 경계를 허무는 연구에 매진 중이다.

지은이 **야마기와 주이치**

'고릴라가 된 연구자'. 교토대학 전 총장이자 세계적인 고릴라 연구의 권위자다. 20대부터 아프리카 열대 우림에서 고릴라 무리에 합류해 그들의 행동과 사회를 연구했다. 고릴라와 함께 생활하며 그들의 언어와 문화를 몸소 체험했고, 이를 바탕으로 인간 사회의 본질과 진화에 대한 깊은 통찰을 제시한다. 영장류학의 관점에서 현대 사회의 문제를 진단하고 대안을 모색하는 지식인으로 활발히 활동 중이다.

서문

이 책은 새가 된 연구자와 고릴라가 된 연구자가 언어의 진화와 미래에 대해 이야기한 기록이다.

새가 된 연구자는 이 서문을 쓰고 있는 나, 스즈키 도시타카이다. 나는 박새라는 들새를 대상으로 울음소리의 의미와 역할을 7년 이상 연구해 왔다. 길게는 1년에 8개월 동안 나가노현의 숲에 머물며, 해가 뜰 때부터 해가 질 때까지 박새를 관찰했다. 그렇게 그들의 울음소리를 녹음하고, 그 의미를 확인하기 위해 다양한 분석과 실험을 진행해 왔다.

그런 생활을 이어 가는 동안, 박새가 무엇을 생각하고 세상을 어떻게 바라보고 있는지 상상할 수 있게 되었다. 지금은 하늘을 나는 매도, 땅을 기는 뱀도 박새가 가르쳐 준다. 울음소리만 들어도 순식간에 그 의미가 전달된다.

고릴라가 된 연구자는 대담 상대인 야마기와 주이

치 씨다. 이미 아시는 분도 많겠지만, 그는 교토대학의 전 총장이자 고릴라 연구의 세계적인 권위자이다.

이 대담은 2022년 9월과 12월에 이루어졌다.
사진의 왼쪽이 저자인 스즈키 씨이고, 오른쪽이 야마기와 선생님.

야마기와 선생님은 20대 때부터 고릴라 무리에 합류해 오랜 세월 동안 그들의 행동과 생활, 사회의 형성을 연구해 왔다. 이미 출간된 여러 책에서도 알 수 있듯이, 아프리카 열대 우림에서 인간보다 훨씬 큰 고릴라를 연구하기란 결코 쉬운 일이 아니다. 일본처럼 안전하고 편리한 생활이 보장되는 것도 아니고, 다른 나라의 문화와 풍습에도 적응할 필요가 있었다. 무엇보다 가장 중요한 것은 고릴라와의 거리감일 것이다. 고릴라 무리에 밀착해 가까이서 관찰하기 위해서는 그들이 무엇을 생각하고 있는지 파악하는 능력이 필수적이다. 동시에, 고릴라들에게 연구자가 위험한 존재가 아니라는 것을 이해시킬 필요가 있다. 이것은 박새 연구와 크게 다른 점일 것이다.

그럼에도 불구하고, 나는 야마기와 선생님에게 동질감을 느꼈다. 이 대담이 실현되기 전까지 직접 만날 기회는 없었지만, 나는 야마기와 선생님의 저서를 여러 권 읽어 왔다. 그리고 책을 읽을 때마다 대상 동물과 하나 되어 그들의 세계를 이해하려는 자세가 놀랍게도 나와 비슷하다고 느꼈던 것이다.

이 인상이 틀리지 않았다고 확신한 것은 야마기와 선생님의 마지막 강의(퇴임 강연)였다. 2020년 9월 25일에 온라인으로 개최되었는데, 교토대학 총장을 역임했음에도 불구하고 대학 운영에 관해서는 일절 언급하지 않고, 오직 고릴라에 대해서만 계속해서 이야기한 모습이 인상적이었다.

고릴라의 세계를 이해하고 고릴라가 된 야마기와 선생님이기에 인간 사회에 전하고 싶은 이야기가 산더미처럼 많을 것이다. 나 또한 박새를 연구하며 그들의 풍요로운 세계를 알게 되었기 때문에 비로소 보이게 된 것들이 많다.

2022년 9월 12일. 나는 교토시 기타구의 산중에 위치한 종합지구환경학연구소를 찾았다. 야마기와 선생님은 교토대학을 퇴직한 후 이 연구소에서 소장으로 재직하고 있었다. 다소 긴장한 채 소장실에 들어가 야마기와 선생님에게 인사를 드리자, "항상 텔레비전에서 보고 있습니다"라며 친근하게 말을 걸어 주셨다. 그러고는 내 연구 내용을 술술 설명하시더니, "새에게 문법이 있다니, 정말 대단한 발견이군요!"라며 칭찬까지 해 주셨다.

나는 박새 연구를 진행하면서 언어의 진화에 흥미가 생겨, 유인원의 울음소리 연구에도 주목하고 있었다. 야마기와 선생님 역시 마찬가지로 언어의 기원에 관심을 갖게 되어 나의 박새 연구에 대해 잘 알고 있었다. 박새와 고릴라처럼 모습과 형태가 전혀 다른 동물을 연구하는 두 사람이었지만, 실은 '언어'라는 키워드로 연결되어 있었던 것이다.

대담은 박새의 세계와 고릴라의 세계를 공유하는 것에서 시작되었다. 박새의 울음소리에도 단어나 문법이 존재한다는 점, 고릴라를 포함한 유인원에게는 인간 언어의 기원을 풀어낼 단서가 숨겨져 있다는 점 등, 대담은 매우 흥미진진하게 진행되었다. 내가 좋아하는 박새에 대해 열정적으로 이야기하다 보니 긴장은 어느새 사라졌고, 연구를 통해 깨달은 점과 새로운 학문의 가능성에 대해서도 열정적으로 이야기하게 되었다. 언어는 골격처럼 화석으로 남는 것이 아니기 때문에 그 진화의 경로를 밝혀내는 것은 결코 쉬운 일이 아니다. 하지만 우리와 가까운 동물인 유인원을 깊이 이해하는 야마기와 선생님의 언어 진화론은 "과연 그렇구나" 하고 수긍이 가는 부분이 많았다.

2022년 12월 16일. 이 책을 위한 마지막 대담을 끝내고 문득 깨달은 점이 있다. 그것은 신분도 나이도 연구 경력도 크게 차이가 나는 야마기와 선생님이 처음부터 끝까지 나와 동등한 입장에서 토론해 주셨다는 것이다. 이는 야마기와 선생님이 자신의 주장을 펼치면서도 나의 생각을 존중해 주셨기 때문일 것이다.

고릴라는 상대를 이기려고 하지 않는 사회적 관계를 형성한다고 한다. 동등한 관계를 소중히 여기며 나를 대하던 야마기와 선생님은, 그야말로 고릴라 같은 분이었다. 어쩌면 야마기와 선생님도 수다스러운 나를 박새 같은 사람이라고 생각했을지도 모르겠다.

우리의 대담은 동물들의 언어를 주제로 하여 점차 현대 사회의 문제와 미래에 대한 방향성까지 논의하는 이야기로 발전했다. 단순히 동물 연구의 최첨단을 소개하는 데 그치지 않고, 새와 고릴라의 관점에서 언어를 키워드로 인간 사회를 조망하는 독특한 책으로 완성되었다고 생각한다. 이 책이 언어란 무엇인지, 인간이란 어떤 동물인지, 그리고 진정한 풍요란 무엇인지 생각해 볼 수 있는 계기가 되길 바란다.

스즈키 도시타카

목차

2장 동물들의 마음

3장 인간이라는 동물의 언어

4장 내달리는 언어, 뒤처지는 몸

1

동물들의 수다

동물들은 수다쟁이였다

야마기와 주이치(이하 야마기와) 스즈키 씨, 종합지구환경학연구소에 잘 오셨습니다. 여기에 제 전문인 고릴라는 없지만, 스즈키 씨 전문인 새들은 많이 있네요. 저기에도…….

스즈키 도시타카(이하 스즈키) 정말 녹음이 우거져 있네요. 새들도 많고요. 저 나무에 있는 건 오목눈이네요. 10마리 정도 있을까요.

야마기와 울고 있네요. 뭐라고 말하는지 아시겠어요?

스즈키 지금 들린 "쥬리리"라는 소리는 무리를 모으기 위한 소리예요. 억지로 일본어로 바꾸자면 "모두 가까이에 있어 줘"라는 느낌이겠죠.

야마기와 역시 대단하네요! 오늘은 역사상 처음으로 '새와 고릴라의 종을 넘은 대담'이라서 정말 기대하고 있었어요.

스즈키 아! 방금 들린 "츄리리리"라는 소리는 위험을 알리는 소리예요. 이런 때는 하늘을 보면…… 보세요, 참매가 날고 있어요!

야마기와 정말 그러네요.

스즈키 죄송해요. 새들의 소리가 귀에 들어오면, 저도 모르게 그들의 세계에 빠져들게 돼요. 오늘은 대담을 하기 위해 만났는데 말이죠.

야마기와 괜찮습니다. 그런데 스즈키 씨는 언제 새들의 '말'에 눈을 뜨게 되었나요?

스즈키 고등학생 때부터 야생 조류 관찰을 좋아했지만, 20대 초반이었을까요? 나가노현의 숲에서 박새의 울음소리가 매우 다양하다는 것을 깨달았어요. 박새는 작은 새라서 뱀이나 매를 경계해야 하는데, 발견한 천적의 종류에 따라 울음소리가 다르더라고요. 뱀이라면 "쟈쟈", 매라면 "히히히"처럼요. 그러니까 단순히 경계의 울음소리를 내는 것만은 아니었어요.

야마기와 박새는 '뱀'이나 '매'를 나타내는 말을 가지고 있는 거군요.

스즈키 네. 왜냐하면 천적에 따라 대처법이 다르기 때문이에요. 매가 오면 숨어야 하지만, 일본 구렁이가 나무를 타고 올라오는데 가만히 있으면 잡아먹히고 말아

박새는 몸길이 약 14cm의 작은 새로, 일본에서는 산간 지역을 중심으로 전국에 분포한다. 스즈키 씨가 연구 대상으로 삼고 있는 새다.

박새는 천적에 따라 서로 다른 경계음을 낸다. 매에게는 "히히히", 뱀에게는 "쟈쟈"라고 운다.

요. 그래서 천적 중 누구인지 알리는 거죠.

야마기와 그렇군요. 제가 전공한 영장류에서도 마찬가지예요. 예를 들면, 사바나에 사는 사바나원숭이들도 발견한 천적에 따라 서로 다른 울음소리를 내요. 그들의 천적은 표범, 뱀, 독수리인데 역시 상대에 따라 도망쳐야 할 장소가 다르니까요.

스즈키 사바나원숭이의 연구는 유명하죠. 동물들은 위험에 대한 정보에 매우 민감해요.

야마기와 위험 정보뿐만 아니라, 동물들은 울음소리로 활발히 소통합니다. 예를 들어, 고릴라와 같은 영장류인 침팬지는 먹이를 발견하면 "후트*"라고 불리는 큰 소리를 내죠. "우-훗, 우-훗"하고 울면 "어? 저 녀석 먹이를 찾았구나"라고 동료들이 모여듭니다.

사바나원숭이는 사하라 사막 이남에 서식하는 긴꼬리원숭이과 영장류다. 여러 개체가 무리를 이루며 살아간다. 수컷의 고환은 하늘색을 띤다.

스즈키 먹이와 관련된 울음소리는 많죠.

* 침팬지의 울음소리로, "후-호, 후-호"라는 짧은 고음이 특징이다. 이 소리는 개체마다 다르다.

큰까마귀*도 동물 사체(먹이)를 발견했을 때 특별한 소리를 낸다고 합니다. 박새와 비슷한 북방쇠박새도 먹이를 발견하면 "디디"라는 소리로 동료를 불러요.

야마기와 무리의 질서를 유지하기 위해서도 울음소리가 사용됩니다. 일본원숭이**는 숲속에서 "쿠우"라는 소리로 서로에게 신호를 보내죠. 이는 시야가 나쁜 환경에서 누가 어디에 있는지를 파악하기 위한 울음이에요. 왜냐하면 개체마다 목소리의 질이 다르니까요. 사람의 언어로 억지로 바꾸자면 "나는 여기 있는데, 너는 어디 있니?" 같은 느낌이겠죠. 이렇게 해서 무리를 유지합니다.

스즈키 연락 신호(Contact Call)라고 불리는 것이군요. 제가 연구하는 박새와 비슷한 새들도 물론 그런 울음소리를 가지고 있습니다. 무리를 지어 생활하는 동물들은 분류군이 달라도 공통점이 많을지도 몰라요.

---

* 까마귀과의 가장 큰 종으로, 몸길이는 약 58~69cm에 이른다. 지능이 높기로 알려져 있으며, 일본에서는 철새까마귀라고도 부르는데 이는 홋카이도 등에서 관찰되는 철새의 특성에서 유래되었다.

** 긴꼬리원숭이과의 영장류로 몸길이는 약 50~70cm이다. 10~100마리의 개체가 무리를 이루며 살아간다. 인간을 제외하고 일본에 서식하는 유일한 영장류다.

동물들도 대화를 한다

스즈키 야마기와 선생님이 오랫동안 연구해 오신 고릴라에 대해도 언어의 힘에 관한 연구가 많죠. 흥미로운 에피소드로는 1970년대에 몇 차례 시도된 수화를 가르치는 실험이 있어요.

야마기와 수화로 유명한 건 '코코'라는 암컷 로랜드 고릴라일 겁니다. 1971년에 태어나서 심리학자에게 어릴 때부터 미국 수화를 배우며 자랐는데, 2,000개가 넘는 단어를 사용했다고 알려져 있어요. 물을 마시고 싶으면 "코코, 물"이라고 말하는 식으로 단어를 조합해 짧은 문장도 만들었다고 하죠.

스즈키 대단하네요. 인간도 2,000개 이상의 수화를 배우는 건 쉽지 않은 일이잖아요.

야마기와 더 재미있는 이야기도 있어요. 코코에게 짝이 필요하다는 이유로 카메룬에서 잡혀 온 어린 수컷 고릴라인 '마이클'에게도 수화를 가르쳤거든요. 코코와 수화로 대화하게 하려 했지만, 그 시도는 실패했습니다. 고릴라들끼리는 수화가 아니라 고릴라의 언어로 이야기하니까요.

로랜드 고릴라 코코는 미국 심리학자 페니 패터슨의 연구 일환으로 수화를 배웠다. 2,000종 이상의 수화를 이해했고, 그 중 600종은 일상적으로 사용했다고 한다.

스즈키 그렇군요. 생각해 보면 당연한 일이네요(웃음).

야마기와 하지만 놀라운 건 그 다음이에요. 수화를 배운 마이클이 자신이 잡혀 왔던 당시의 상황을 사육사에게 수화로 이야기하기 시작한 겁니다. "나는 무리와 함께 살았는데, 엄마는 밀렵꾼에게 목이 잘려 죽었어. 나는 손발이 묶인 채 막대기에 매달려 이곳에 끌려왔어"라고요.

스즈키 정말 대단하네요!

꿀벌의 진동 언어

스즈키 말을 하는 건 새나 영장류만이 아니죠. 잊어서는 안 될 것이 꿀벌이에요. 꿀벌은 동료들에게 꿀이 있는 꽃의 위치를 알려 주기 위해 '춤'을 춥니다. 그것은 '춤'이라고 불리지만, 어두운 벌집 안에서 배를 진동시켜 먹이의 위치를 전달하는 방식이기 때문에 일종의 언어라고 할 수 있어요. 다른 꿀벌들도 춤을 추는 꿀벌의 배에 더듬이를 대면서 진동을 통해 정보를 얻는 거죠.

야마기와 카를 폰 프리슈*의 연구가 유명하죠.

스즈키 네. 그 후에도 연구가 이어졌고, 꿀벌이 위험한 존재인 말벌의 정보를 역시 춤을 통해 전달한다는 연구도 나왔어요. 중요한 점은 먹이의 위치라는 정보를 그것과는 전혀 상관없는 '춤'이나 '진동'으로 전달

* 오스트리아의 동물 행동학자(1886–1982). 1973년 노벨 생리학·의학상을 수상한 동물 행동학의 선구자.

한다는 것입니다. 이것은 빨갛고 새콤달콤한 과일을 아무런 관계가 없는 "사과"라는 소리로 표현하는 우리 인간의 언어와 비슷할지도 몰라요.

야마기와 그렇군요.

스즈키 하지만 꿀벌이 우리처럼 먹이나 그 위치를 이미지로 떠올리는지 여부는 알 수 없어요. 그래도 제가 이후에 이야기할 것처럼, 새가 이야기하는 대상의 이미지를 가지고 있는지 여부는 실험을 통해 확인했습니다.

야마기와 흥미롭네요.

스즈키 인간만의 특권이라고 여겨지는 도구 사용도 다양한 동물에서 발견되고 있어요.

뉴칼레도니아까마귀는 철사를 구부려 갈고리 형태로 만들어서 벌레 같은 먹이를 구멍에서 끌어내기도 하고, 일본 도호쿠 지방의 송장까마귀는 도로를 지나는 자동차를 이용해 호두를 깨서 그 속을 먹기도 합니다. 떼까마귀를 대상으로 한 실험도 있어요.

얇은 투명한 통에 물을 채우고 그 위에 벌레를 띄워두는데, 까마귀의 부리는 통에 닿을 듯 말 듯한 길이였죠. 하지만 놀랍게도 떼까마귀는 주변에 있는 돌을 물속에 떨어뜨려 수위를 높인 후 벌레를 꺼내 먹었어요. 까마귀도 여러 가지를 생각하는 거죠.

인간이
얻은 것과 잃은 것

야마기와 동물들도 인간 언어처럼 명확한 출력 방식이 없을 뿐, 동료들과의 대화나 생각은 분명히 가지고 있을지도 몰라요. 동물의 마음과 사고는 매우 풍부하죠. 하지만 그것은 지금까지 잘 알려지지 않았어요. 이유 중 하나는 인간이 동물의 정점에 있고, 다른 동물들은 그보다 하등하다는 유럽적 편견이 있었기 때문입니다.

스즈키 정말 그래요. 지금까지도 동물 언어와 심리에 대한 연구는 있었지만, 대부분이 '동물이 얼마나 인간에 가까운가'를 기준으로 했죠. 그러니까 우리 인간을 기준으로 해서 그보다 부족한 동물들의 능력을 측정하는 연구뿐이었어요. 말하자면, 인간과의 차이를 측정하는 방식이었죠.

야마기와 그렇군요, 확실히 그렇습니다.

스즈키 하지만 그 반대도 가능하다고 생각해요. 동물이 할 수 있지만 인간은 할 수 없는 일이 산더미처럼 있잖아요. 치타가 인간보다 더 빨리 달릴 수 있다든가, 개의 후각이 인간보다 더 뛰어나다든가, 이런 점은 널리 알려져 있죠. 그런데 인지 능력도 마찬가지예요. 박쥐는 초음파를 이용해 공간을 파악하고*, 침팬지는 인간보다 뛰어난 단기 기억력을 가지고 있다는 것도 유명합니다.

야마기와 맞아요. 바로 그 점이 중요합니다. 인간이 정말 대단하다고 자랑하던 시대는 이제 끝났고, 이제는 동물의 관점에서 보면 인간이 하지 못하는 것들이 얼마나 많은지 알 수 있어요.

스즈키 맞습니다. 말똥가리는 먹이인 쥐의 오줌을 '볼 수' 있고, 새들은 지구 자기장을 감지해서 GPS처럼 자신의 위치를 특정할 수 있다는 사실이 밝혀졌습니다. 둘 다 인간에게는 없는 능력이죠. 그러한 인지력의 차이는 행동에도 드러납니다.

예를 들어, 새들에게는 먹이를 저장하는 '저장' 행동이 널리 관찰됩니다. 잣까마귀나 북방쇠박새 같은 경

* 이 행동은 '반향정위(Echolocation)'라고 불리며, 반사된 소리를 듣고 물체의 위치를 파악한다. 박쥐가 어둠 속에서도 활동할 수 있는 이유다.

우, 겨울에 눈으로 덮인 땅을 대비해 나뭇가지 틈 등에 씨앗을 숨겨 둡니다. 그런데 그 장소가 수천 군데에 이르기도 해요. 지도도, 메모도 없는데 어떻게 그렇게 많은 장소를 기억할 수 있느냐 하면, 시각적으로 기억하는 것 같아요. 나무의 모양이나 나무껍질의 미세한 차이를 기억하는 거죠.

북방쇠박새들이 먹이와 장소를 정밀하게 기억하는 능력은 우리 인간이 얼굴을 구별해 내는 것과 비슷할지도 모릅니다. 둘 다 진화 과정에서 생존을 위해 필요한 능력으로 발전한 것이죠.

야마기와 그렇군요. 그런데 박새도 저장 행동을 하나요?

스즈키 박새는 하지 않아요. 그렇다면 어떻게 겨울을 보내느냐 하면, 북방쇠박새가 저장해 둔 먹이를 훔쳐 먹습니다. 저장은 못 해도 먹이의 위치는 기억하는 거죠.

야마기와 그렇군요. 어쨌든 인간에게 없는 인지 능력이네요.

스즈키 그래서 저는 인간과 동물이라는 이분법에서 벗어나 좀 더 넓은 시야로 언어와 인간의 능력이란 무엇인지 이해할 필요가 있다고 생각합니다. 그래야 비로소 인간이 진화 과정에서 언어를 얻게 된 의미를 알 수 있을 테니까요.

야마기와 그렇죠. 그리고 언어로 인해 가능해진 일이 많지만, 그 대가로 잃어버린 것도 많다고 생각합니다. 이 책에서는 그 점도 조명해 보고 싶습니다.

동물의 언어 연구는 어렵다

스즈키 동물의 언어 연구가 그다지 발전하지 못한 데는 몇 가지 이유가 있지만, 야생 환경과 사육 환경에서 행동이 달라진다는 점이 가장 큰 이유라고 생각해요. 저는 허가를 받고 박새를 사육한 적이 있는데, 숲에서는 그렇게 수다스러운 박새가 새장 안에서는 전혀 울지 않더라고요. 가끔 밖에서 들리는 다른 박새의 소리에 "여기가 내 영역이야"라고 응답하긴 하지만요.

야마기와 왜 그런다고 생각하시나요?

스즈키 안전하고 먹이도 부족하지 않은 사육 환경에서는 울 필요성이 줄어들기 때문이라고 생각합니다. 지금까지 이야기한 것처럼, 박새의 언어 대부분은 천적이나 먹이와 관련된 것이거든요. 동물의 언어 능력을 연구하려면 역시 야외로 나가야만 해요.

야마기와 말씀하신 대로입니다. 영장류도 마찬가지예요. 동물원에 가두면 울음소리가 필요한 상황의 다양성이 사라지기 때문에 거의 울지 않게 됩니다.

예를 들어, 고릴라는 최소 20여 종류의 울음소리를 가지고 있지만, 동물원에서는 5종류 정도밖에 들을 수 없어요. 그러니 동물의 언어를 연구하려면 야생에서 조사해야 하지요.

스즈키 역시 그렇군요. 새도 마찬가지입니다. 지금까지 울음소리 연구 대상으로 삼아 온 새들은 문조나 십자매처럼 사육이 쉬운 새들이 많았어요. 하지만 새장은 환경이 너무 단순해서 새들이 본래의 능력을 발휘할 수 없죠.

야마기와 그렇죠. 영장류도 마찬가지인데, 동물원에 들어가면 너무 안주하게 됩니다. 천적도 없고 같은 종의 동료도, 다른 종의 동료도 없으니까요. 그래서 울음소리에 대한 반응이 상당히 둔화되죠.

스즈키 하지만 야외에서의 행동을 관찰하면 깜짝 놀랄 정도로 뛰어난 지성이 있다는 것을 알게 됩니다. 야생 환경에서의 울음소리 연구가 더 많아진다면, 동물 언어가 예상보다 훨씬 발달해 있다는 걸 알게 될지도 몰라요.

야마기와 선생님도 야생의 고릴라와 함께 오랜 시간을 보내셨잖아요. 그런 환경에서 관찰하다 보면, 아직 논문으로 발표되지 않은 발견도 굉장히 많으실 것 같아요.

야마기와 물론이죠. 정말 많습니다.

스즈키 그들의 언어나 사고는 일반적으로 생각하는 것보다 훨씬 풍부하죠. 그것은 그들과 함께 지내며 관찰한 저희 같은 사람들만 알아차릴 수 있는 세계일지도 몰라요. 그런 점을 이 책에서 전달하고 싶습니다.

언어는 환경에 대한 적응으로 태어났다

야마기와 동물들의 언어는 어떻게 태어났다고 생각하시나요?

스즈키 환경에 대한 적응* 때문이라고 생각합니다. 적응이란 쉽게 말해, 언어를 사용할 수 있는 개체가 그렇지 못한 개체보다 생존에 유리하고 더 많은 자손을 남길 수 있다는 뜻이에요. 그 결과, 언어와 관련된 유전자가 그 집단 내에서 퍼진 거죠.

반대로 말하면, 어떤 동물이 어떤 언어를 얼마나 가질 수 있는가는 그 동물이 사는 환경에 좌우된다고 생각합니다. 언어 사용이 유리하지 않은 환경에 사는 동물이라면 언어와 관련된 유전자가 퍼지지 않으니까요.

야마기와 그렇군요.

---

* 진화생물학에서 사용하는 '적응'은 일상적인 의미와는 달리, "어떤 생물이 생존 능력이나 번식 능력을 향상시키는 특성을 얻는 것"을 뜻하는 경우가 많다.

스즈키 제가 주로 연구하는 박새를 예로 들면, 사실 모든 새가 박새처럼 울음소리를 나눠 사용할 수 있는 것은 아니에요. 예를 들어, 까마귀를 생각해 보죠. 까마귀는 구관조나 때까치처럼 울음소리 흉내를 잘 내는 새의 일종이라서 사실 다양한 소리를 낼 수 있어요. 실제로 저도 도쿄의 한 역에서 까마귀가 전철 소리를 흉내 내는 모습을 본 적이 있어요.

야마기와 전철 소리를요?

스즈키 네. 제가 집 근처 역에서 전철을 기다리고 있었는데, 어딘가에서 작게 "덜컹덜컹" 하는 소리가 들렸어요. "어라? 전철은 아직 안 왔는데?" 하고 보니 선로 위에 있는 까마귀가 전철 소리를 흉내 내고 있더라고요. 그걸 듣고 놀란 사람들의 반응을 즐기고 있었어요 (웃음).

야마기와 까마귀의 놀이 같네요.

스즈키 그렇게 재주가 좋은 까마귀지만, 울음소리는 6종류 정도밖에 없다고 알려져 있어요. 종에 따라 차이는 있지만요.

야마기와 의외로 적군요.

스즈키 그 이유는 까마귀가 기본적으로 탁 트인, 시야가 좋은 환경에서 살기 때문이라고 생각해요. 서로 눈으로 볼 수 있죠. 그러니 시각적 행동(Display)*으로도 의사소통이 가능해서 울음소리가 그다지 필요하지 않을 거예요. 실제로 큰까마귀는 부리를 사람의 손가락처럼 사용해서 대상을 가리키는 행동이 알려져 있어요. 그들은 언어보다 몸짓으로 충분히 의사소통 할 수 있는 환경에 살기 때문에 언어를 크게 발달시키지 않았을 가능성이 있습니다.

야마기와 그렇군요.

스즈키 반면에, 박새는 빽빽하고 시야가 나쁜 숲에서 사는 새라서 시각만으로는 의사소통이 충분하지 않아요. 그래서 울음소리, 즉 언어를 발달시킨 게 아닌가 생각합니다. 뱀이 왔다든가 먹이가 있다든가, 자기 주변에서 일어나는 일을 소리를 통해 상세히 전할 필요가 있었던 거죠.

야마기와 환경에 대한 적응으로써 의사소통 수단이 진화한 것은 영장류도 마찬가지입니다. 예를 들어, 아까 말씀드린 것처럼 사바나원숭이도 천적이 뱀인지, 표범인지, 독수리인지에 따라 서로 다른 울음소리를 내는데, 이 역시 각기 다른 방식으로 공격하는 천적들

---

* 동물 행동학에서, 동물이 구애나 위협을 위해 자신의 신체 일부를 강조하거나 크기를 키워 보이게 하는 자세나 동작을 뜻한다.

이 있는 환경에 적응한 결과겠죠. 여기까지는 박새나 사바나원숭이 모두 비슷하네요.

스즈키 네, 그렇습니다.

야마기와 하지만 차이도 있어요. 박새는 하늘을 날 수 있지만, 사바나원숭이는 날 수 없잖아요. 박새는 단순히 천적의 종류를 전할 뿐만 아니라 "모여라" 같은 지시도 내릴 수 있지만, 사바나원숭이는 그렇게 자유롭게 움직일 수 없기 때문에 그런 지시는 하지 않는 것 같아요.

스즈키 그렇군요. 확실히 새들은 날아가는 방향을 가리키는 소리를 내기도 하죠.

야마기와 그래서 사바나원숭이에게 울음소리는 경고를 알리는 데 그치는 것 같아요. 어쨌든, 동물의 의사소통 수단은 환경에 적응하며 진화해 온 거죠.

스즈키 사바나원숭이도 천적에 따라 다른 소리를 낸다고는 하지만, 박새만큼 명확하게 구분하지는 않아요. 예를 들어, 뱀에게 내는 소리를 표범에게도 낼 때가 있거든요. 즉, 동료들이 위험을 알아채기만 하면, 정확히 소리를 구분하지 않아도 된다는 거죠.

박새의 언어 기원은 무엇인가?

야마기와 스즈키 씨 연구에서 정말 대단한 점은, 지금까지 새의 울음소리 연구는 주로 구애 상황에 초점이 맞춰져 있었다는 점이에요. 울음소리뿐만 아니라 춤이나 디스플레이도 포함해서 말이죠. 그런데 스즈키 씨는 구애 이외의 상황에서 박새가 울음소리를 통해 복잡한 메시지를 전달한다는 것을 밝혀냈잖아요.

스즈키 감사합니다. 확실히 저는 구애 이외의 상황에서 울음소리를 주로 연구했고, 그 결과가 독특한 성과로 이어졌다고 생각해요. 하지만 저는 구애 상황에서의 울음소리와 그 외의 울음소리가 서로 관련성을 가지며 진화했을 가능성도 있다고 생각해요.

야마기와 그렇군요.

스즈키 그리고 적어도 박새의 경우, 의미를 가진 울음소리, 즉 언어의 기원은 생존에 직결되는 중요한 정보의 '범주화'라고 보고 있어요.

야마기와 범주화라…….

스즈키 네. 박새에게는 '솔개'나 '참매' 같은 범주를 나타내는 울음소리를 가지는 것이 중요했을 겁니다. 우리 인간에게는 솔개와 참매가 같은 맹금류로 보일 수 있겠지만, 박새에게는 큰 차이가 있어요. 참매는 박새를 공격하지만, 솔개는 공격하지 않거든요.

야마기와 솔개는 공격하지 않는군요.

인간과 박새는 세상을 보는 방식이 완전히 다를 것이다. 예를 들어, 인간에게는 참매와 솔개의 차이를 알아채기 어렵지만, 박새에게는 그 차이가 생존에 직결된 문제다. 이처럼 생존과 관련된 중요한 정보를 범주화하는 것이 언어의 기원일지도 모른다.

스즈키 그렇습니다. 솔개는 몸집이 너무 커서 작은 새들인 박새를 제대로 사냥하지 못하는 것 같아요. 반면에 참매나 쇠황조롱이, 황조롱이 같은 맹금류는 작은 새들을 자주 공격하죠. 그래서 참매와 솔개를 구분할 필요가 생겼고, 울음소리 ↔ 대상 간의 대응 관계가 만들어진 겁니다.

하지만 처음부터 이렇게 범주화된 울음소리를 가졌던 것은 아니었을 겁니다. 처음에는 단순히 참매를 보고 느낀 공포로 나온 비명에 불과했을 수도 있어요. 감정을 넘어선 의미는 아직 없었을 거라고 봅니다.

야마기와 그렇군요.

스즈키 하지만 점차 울음소리에 의미가 덧붙여졌을 가능성이 있습니다. 예를 들어, 참매를 나타내는 울음소리를 들은 개체가 숲속에 있었다면, 하늘만 경계하면 별문제가 없겠죠. 하지만 탁 트인 곳에 있을 때는 즉시 몸을 숨기지 않으면 공격당할 겁니다.

이처럼 동일한 울음소리를 듣더라도, 상황에 따라 다른 행동을 할 수 있는 개체가 생존에 유리한 겁니다. 따라서 이런 개체들의 유전자가 점차 퍼지면서, 울음소리에 감정을 넘어선 의미가 추가되었을 가능성이 있죠.

즉, "히히히"를 참매를 나타내는 소리로 이해하여, 상황에 따라 유연하게 적절한 행동을 취할 수 있는 개체가 생존한 겁니다. 그리고 이렇게 의미를 가진 울음소리가 박새의 언어로 진화했다는 시나리오죠.

박새는
언어의 이미지를
가지고 있을까?

야마기와 그럴 수 있겠네요. 다만, 울음소리의 의미에 대해서는 다양한 논의가 있습니다. 아까 사바나원숭이가 천적에 따라 다른 울음소리를 낸다고 말씀드렸지만, 각각의 울음소리가 어떤 의미를 가지는지에 대해서는 엄밀히 알 수 없는 부분이 있어요.

스즈키 그렇죠. 최근 연구에 따르면, 사바나원숭이의 경고 울음소리는 특정 천적에게만 사용되는 것이 아니라고 합니다. 예를 들어, 다른 개체와 싸우는 상황에서도 표범이나 참매를 경계할 때 내는 것과 같은 울음소리를 사용할 때가 있죠. 그러니까, 그 울음소리를 듣는 원숭이 입장에서는 단순히 소리만으로는 다가오는 천적의 종류까지 파악하기는 어렵습니다.

야마기와 그렇군요. 그렇다면 인간의 언어와 사바나원숭이의 경고 소리는 엄밀히 말해서 다르네요. 우리는 언어를 통해 사물을 명확히 가리킬 수 있잖아요.

그리고 인간에게 단어는 심볼(Symbol, 상징)입니다. 이게 무슨 뜻이냐면, 단어의 소리와 그것이 가리키는 대상 간에는 완전히 자의적*인 관계가 있다는 거예요.

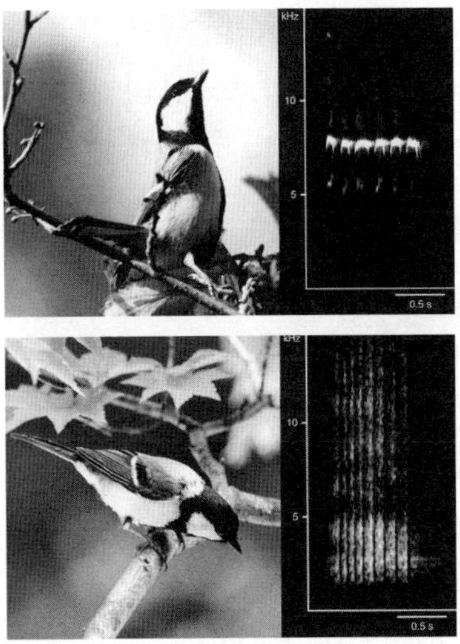

박새가 울고 있는 모습. 오른쪽에는 그 소리를 분석한 사운드 스펙트로그램이 표시되어 있다. 위쪽은 "히히히"(참매다!)로, 하늘을 경계하고 있는 소리. 아래쪽은 "쟈쟈"(뱀이다!)로, 땅을 탐색하는 모습이다.

스즈키 자의적이라는 말씀이군요.

야마기와 네, 인간의 언어는 자의적이에요. 여기 녹차가 있지만, 이 녹색 음료와 "녹차"라는 소리 사이에는 필연적인 관계가 없죠. "차(Tea)"라고 불러도 괜찮고, 실제로 그렇게 부르는 사람들도 있잖아요.

하지만 우리 집단에서는 "녹차 = 이 음료"라는 자의적인 규칙이 있는

* 언어가 가리키는 대상과 그것을 나타내는 기호 사이에 필연적인 연결 고리가 없는 상태를 말한다. 언어학자 소쉬르가 제안한 개념이다.

거죠. 이게 심볼의 의미입니다. 하지만 사바나원숭이에게 울음소리가 심볼인지, 즉 자의성을 가지고 있는지에 대해서는 의견이 나뉘어요.

스즈키 맞습니다. 사바나원숭이는 표범이 나타나면 "갸갸" 하는 소리를 낸다고 알려져 있는데, 그 울음소리가 표범을 의미하는지, 아니면 단순히 공포를 표현한 것에 불과한지 알 수 없죠. 만약 후자라면 심볼이라고 할 수 없겠네요.

야마기와 그렇죠. 상황과 독립된 의미를 가지지 못하고 상황에 의존하는 소리일 가능성이 있습니다.

스즈키 하지만 박새의 울음소리는 단순한 감정을 넘어선 것입니다. 다시 말해, 그들은 울음소리를 심볼로 사용하고 있습니다. 저는 실험을 통해 이 점을 확인했어요.

야마기와 대단하군요. 어떤 실험인가요?

스즈키 먼저, 실험 준비 단계에서 박새가 각기 다른 천적에게 어떤 울음소리를 내는지 조사했습니다. 뱀이나 참매, 때까치 같은 천적의 박제를 둥지 상자나 먹이대 근처에 두고, 이를 본 박새가 내는 울음소리를 녹음했죠. 그 결과, 특정 천적에게만 사용하는 울음소리가 있다는 것을 알게 되었어요.

예를 들어, 뱀에게는 "쟈쟈"라는 소리를 냅니다. 다음으로, 이렇게 녹음한 울음소리를 스피커로 박새에게 들려주었더니, 역시 박새는 뱀이 있을 것 같은 땅을 살피거나 덤불을 확인하러 가는 행동을 보였습니다. 즉, "쟈쟈"라는 울음소리와 뱀이라는 대상이 서로 연관되어 있다는 것을 알 수 있었죠.

야마기와 문제는 그 울음소리가 뱀의 심볼인지, 즉 울음소리를 들은 박새가 뱀을 이미지로 떠올리고 있는지 여부겠군요.

스즈키 맞습니다. 우리 인간은 "뱀"이라는 소리를 들으면 뱀의 모습을 상상하게 되잖아요. 그런데 박새의 뇌에서도 같은 이미지가 떠오르는지 여부는 단순히 울음소리를 들려주는 것만으로는 알 수 없습니다. 예를 들어, "쟈쟈"는 "땅이나 덤불을 주의하라"는 지시일 뿐일 수도 있죠. 그래서 저는 착각 현상을 이용한 인지 실험을 설계했습니다.

야마기와 착각 현상이라고요?

스즈키 네. 우리 인간은 심볼을 단서로 착각 현상이 일어날 때가 있잖아요. 대표적인 예가 심령사진이에요. 단순한 그림자일 뿐인 데도 "이거 사람 얼굴 아니야?"라고 말하면 갑자기 얼굴처럼 보이고 무서워지죠. 이는 "사람 얼굴"이라는 심볼이 시각적 이미지를 떠올리게 하기 때문입니다. 박새에게도 같은 현상이 일어난다면, 그들은 울음소리를 심볼로 받아들인다고 볼 수 있습니다. 그래서 저는 약 20cm 정도 되는 나뭇가지를 준비했습니다. 하지만 이 가지는 그냥 평범한 나뭇가지로, 뱀처럼 보이지는 않아요. 보통이라면 박새가 이걸 뱀으로 착각할 이유는 없죠.

야마기와 심령사진에서의 그림자처럼요. 아무 말이 없다면 단순히 그림자에 불과하다는 거군요.

스즈키 네. 하지만 그 나뭇가지에 줄을 매달아 나무 줄기를 따라 끌어 올리면서 "쟈쟈" 소리를 들려주면, 박새는 거의 틀림없이 이 나뭇가지를 뱀으로 착각하고 확인하러 다가옵니다.

야마기와 흥미롭네요. 단순히 나뭇가지 움직임에 반응하는 것은 아닐까요?

스즈키 그래서 같은 방식으로 나뭇가지를 보여 주면서 다른 소리도 들려주는 실험을 진행했습니다. 예를 들어, 참매나 올빼미에 대한 울음소리나 동료를 부르는 "지지지지" 같은 소리를 들려줬어요.

그랬더니 박새는 나뭇가지에 전혀 반응하지 않았습니다. "쟈쟈" 소리와 함께 보여 줬을 때는 그렇게 놀라

스즈키 씨가 진행한 실험은 착각을 이용한 것이다. 뱀을 경계하는 소리를 들려주며 뱀 크기의 나뭇가지를 끌어 올리자, 박새는 반드시 나뭇가지를 확인하러 왔다(= 뱀으로 착각했다). 특정 소리가 뱀의 이미지를 떠올리게 한다는 것을 보여 주는 실험이다.

며 달려오던 박새들이요. 즉, "쟈쟈"라는 소리가 뱀의 시각적 이미지를 불러일으키는 것으로 보입니다. 인간에게 "뱀"이라는 단어가 그러한 것처럼요. 이것은 박새에게 "쟈쟈"라는 소리가 뱀의 심볼이라는 것을 의미합니다.

야마기와 멋지네요. 박새도 시각적인 이미지를 가지고 있는 거군요.

스즈키 네. 작은 새들도 꽤 인간과 비슷하게 시각과 청각을 활용해 세상을 인식하고 있는 것 같습니다.

언어와 감정

야마기와 원숭이도 그렇고 우리 인간도 기본적으로 시각 중심의 세계에 살고 있기 때문에, 언어 같은 심볼을 들으면 먼저 영상이나 이미지를 떠올립니다. 다만, 심볼과 이미지는 일대일로 대응하지 않아요.

예를 들어, "컵"이라는 단어만 들어도 손잡이가 있는 것, 없는 것, 빨간 컵, 하얀 컵 등 다양한 컵이 있잖아요. 그런데도 우리는 이 모든 것을 "컵"이라는 단어로 통칭합니다.

다시 말해, 언어를 통해 현실의 복잡성을 줄이는 거죠. 이는 긍정적인 면도 있고, 부정적인 면도 있어요. 하지만 박새의 언어는 더 풍부하지 않나요? 방금 이야기한 "쟈쟈"만 해도, 단순히 뱀을 뜻하는 것 외에 다른 의미도 포함하고 있지 않나요?

스즈키 정말 그렇습니다! 박새의 "쟈쟈"는 단순히 뱀을 의미하는 것에 그치지 않아요. 뱀이 가까이 다가오는 긴박한 상황에서는 "쟈쟈 쟈쟈쟈"처럼 더 주의를 끄는 소리로 바뀌거든요. 요컨대, 인간의 언어로 치면 "위험하다!"나 "큰일 났다!" 같은 의미를 가질 수도 있는 게 박새의 "쟈쟈"입니다.

야마기와 사실, 인간의 언어도 똑같아요. 느긋하게 "비 온다"라고 말할 때와, "비 온다!"라고 외칠 때는 긴박도가 완전히 다르잖아요. 하지만 글자로 표현할 때는 기껏해야 느낌표를 붙이는 정도밖에 할 수 없죠.

스즈키 그러고 보니, 미어캣을 대상으로 비슷한 연구를 한 분이 계셨어요. 취리히 대학의 교수님인데요. 미어캣에게 뱀이나 맹금류 같은 천적을 보여 주고, 그 울음소리를 기록했어요.

그런데 같은 천적이라도 거리나 상황에 따라 울음소리가 달라진다고 하더군요. 다시 말해, 미어캣의 울음소리에는 감정적인 요소가 포함되어 있다는 거죠. 결국, 미어캣의 경우도 "심볼로서의 울음소리"와 "감정 표현으로서의 울음소리"가 분리되지 않고 연속적으로 연결되어 있다는 주장입니다.

리듬과 공감

야마기와 인간의 언어에도 같은 현상을 적용할 수 있다고 생각합니다. 왜냐하면, 우리가 말을 할 때는 감정과 밀접하게 연결된 피치(음의 높낮이)와 톤(음색)이 매우 중요하거든요.

가장 분명한 예는 어른이 아기에게 말을 걸 때 사용하는 언어입니다. 이를 '아동 지향어*'라고 부르는데, "아휴, 귀여워"라며 음의 높낮이와 음색이 극적으로 변화하잖아요. "오구오구" 같은 말을 반복적으로 사용하는 것도 감정을 드러내는 방식입니다. 결국 인간의 언어도 감정과 같은 복잡한 정보를 포함할 수 있습니다. 일종의 음악적인 언어죠.

스즈키 확실히 그럴 수 있겠네요.

야마기와 그리고 아기에게 사용하는 아동 지향어는,

* 아기에게 말을 걸 때 사용하는 방식으로, 성인에게 이야기할 때와는 명백히 다른 특징을 가짐. 목소리가 높아지거나 억양이 과장되는 경향이 있다.

우리가 반려동물에게 사용하는 말투(Pet Directed Speech)와 비슷하다는 이야기도 있습니다. 확실히 유사한 점이 많죠. 상대가 언어를 이해하지 못한다는 공통점도 있고요.

스즈키 그렇네요. 둘 다 반복이 자주 사용된다는 특징이 있죠. 같은 리듬으로 반복되는 것은 심리학적으로 공감을 높이는 행위라고 합니다. 인간의 경우, 함께 노래를 부르는 것도 마찬가지죠.

야마기와 스포츠 응원도 비슷합니다. 축구 월드컵 같은 행사에서 자국 팀이 승리하면, 모두가 동시에 환호성을 지르잖아요? 그 역시 동조 현상입니다.

스즈키 동물들도 동조를 하죠. 예를 들어, 두루미는 짝짓기 시기가 되면 울음소리와 구애의 춤을 출 때 동조 현상을 보입니다.

야마기와 저는 이런 음악적인 언어가 인간 언어의 기원일 수 있다고 추측하고 있습니다. 그 이야기는 나중에 더 자세히 다뤄 보죠.

문법도
적응으로 생겨났다

야마기와 지금까지 스즈키 씨의 이야기는 주로 단어 수준의 이야기군요. 문장이 아니라.

스즈키 네, 단어에 관한 이야기입니다. 이렇게 의미를 가진 단어가 생긴 후에, 그것들을 특정 규칙에 따라 결합해서 더 복잡한 의미를 전달하는 능력이 진화했다고 생각합니다. 적어도 박새는 단어를 조합해서 문장을 만들 수 있으니까요. 단어만으로는 전달할 수 있는 정보가 제한적입니다.

예를 들어, 박새에게는 "모여라"라는 울음소리가 있지만, 그것만으로는 먹이가 있어서 동료를 모으려는 것인지, 천적이 나타나서 방어하려는 것인지 알 수 없죠. 시야가 탁 트인 환경에서 사는 동물이라면 시각 정보를 통해 "모여라"라는 소리만으로 충분할 수 있었겠지만, 박새는 시야가 나쁜 빽빽한 숲에서 살기 때문에 시각 정보를 충분히 활용하기 어려웠습니다. 그래서 단어를 결합해 문법을 발전시켰다고 생각합니다.

야마기와 그렇군요. 구애할 때 내는 울음소리도 음성이 조합되어 있죠?

스즈키 맞습니다. "호호케쿄"라는 울음소리는 휘파람새의 구애 소리인데, "호", "호", "케", "쿄" 같은 요소가 조합된 것입니다. 하지만 각각의 요소에 특별한 의미가 있는 것은 아니기 때문에 단어는 아닙니다. 구애 소리의 조합은 문법이라고 할 수 없죠. 반면에, 박새는 의미를 가진 울음소리, 즉 '지저귐*'을 결합해 복잡한 메시지를 전달할 수 있습니다. 구애 소리와는 독립적으로 문법이 진화한 거죠.

야마기와 그렇다면 구애 소리와 지저귐은 완전히 다르다고 봐야 할까요?

스즈키 꼭 그렇지는 않습니다. 예를 들어, 박새의 구애 소리 "츠츠피츠츠피"라는 구절에서는 "츠" 소리가 지저귐에서도 사용되거든요.

야마기와 그렇군요.

스즈키 지금까지 새의 울음소리 연구에서는 주로 "구

* 조류학에서는 구애 시에 내는 소리를 '구애 소리', 그 외의 소리를 하나로 묶어 '지저귐'으로 부름.

애 소리"와 "지저귐"을 나누어 연구했지만, 사실 두 영역이 공유하는 요소도 있고, 서로 관련되며 진화했을 가능성이 있다고 생각합니다. 구애 소리에 대해서는 야외뿐만 아니라 실험실에서도 많은 연구가 이루어졌지만, 지저귐에 대한 연구는 매우 적습니다. 저는 그 부분을 연구하고 싶어요.

야마기와 그렇군요. 동물의 의사소통에는 그 종이 세상을 어떻게 인식하고 행동하는지, 더 나아가 그 종이 어떤 동물인지를 잘 보여 주는 요소가 담겨 있습니다. 인간의 언어도 예외는 아니겠죠. 다음 장에서는 동물들이 세상을 어떻게 보고, 어떻게 행동하는지에 대해 이야기해 봅시다.

1장 동물들의 수다 요약

동물들도 언어를 사용한다. 기존에 생각했던 것보다 훨씬 수준 높은 대화를 나눈다는 사실이 밝혀지고 있다. 동물의 언어는 환경에 대한 적응, 즉 생존과 번식을 위해 진화했다. 따라서 사는 환경에 따라 언어도 다르다. 동물 언어 연구는 매우 어렵다. 안전하고 먹이를 보장받는 사육 환경에서는 동물들이 거의 말을 하지 않기 때문이다. 천적이나 먹이와 같이 생존에 직결되는 중요한 정보를 범주화한 것이 동물 언어의 기원일지도 모른다. 인간 어머니가 아기에게 들려주는 노래 같은 말이 인간 언어의 기원 중 하나일 가능성이 있다.

동물들의 마음

음악, 춤, 언어

야마기와 지금까지 이야기를 나누면서, 스즈키 씨와 제 관심사나 생각이 상당히 닮아 있다는 것을 알게 되었어요. 동물과 그들의 언어를 연구하면서, 우리 인간과는 다른 그들의 지성을 이해하려고 노력하고 있잖아요.

스즈키 맞습니다. 조류와 영장류처럼 먼 분류군을 연구하고 있음에도 불구하고, 접근 방식이 비슷하다는 생각이 듭니다.

야마기와 하지만 조금 다른 점도 있어요. 스즈키 씨는 단어나 문법 같은 "좁은 의미의 언어"를 중시하는 것처럼 보이지만, 저는 언어를 이야기하려면 언어 외적인 요소, 예를 들어 의사소통이나 그 동물의 사회 구조에도 주목해야 한다고 생각합니다.

스즈키 구체적으로 어떤 의미인가요?

야마기와 원숭이나 유인원 같은 동물들에게 언어가 발달하기 전에는, 먼저 시각적인 의사소통이 있었을 겁니다. 제가 춤이나 음악에 주목하는 이유도 바로 그것 때문이에요.

스즈키 그렇다면, 의미가 생겨나기 전의 이야기인가요?

야마기와 맞아요. 개체 간에 의미를 주고받기 전에, 행동의 공명이 먼저 있었을 가능성이 높습니다. 우리 인간도 영화를 보고 감동하면 주인공처럼 행동하고 싶어지잖아요. 걷는 모습이나 몸짓까지 주인공과 비슷해지기도 하고요. 그렇다고 해서 그런 사람들이 "좋아, 이제 저 영화 주인공처럼 따라 해 봐야지"라고 일부러 생각하는 것은 아닙니다. 단순히 감동해서 몸이 공명하고 있을 뿐이죠.

저는 이것이 진화 과정에서 영장류가 춤처럼 몸을 공명시키는 기술을 갖게 된 결과라고 봅니다.

스즈키 정말 그렇습니다. 단어나 문법을 가지고 있지 않은 동물들도 다른 개체와 공명하고 공감하는 경우가 많을 거라고 생각합니다.

야마기와 동물들은 춤을 추고, 노래를 부릅니다. 조금 전에도 언급했지만, 예를 들어 침팬지 무리는 엄청난 양의 먹이를 얻었을 때나 갑자기 비가 내렸을 때, "우호우호" 하며 들숨과 날숨을 번갈아 내뱉으며 코러스를 하는 경우가 있어요.

이를 "팬트후트(Pant-hoot)"라고 부르는데, 그 자리에서 뛰어다니며 점점 흥분이 고조되고, 마침내 일제히 코러스를 하게 됩니다. 이는 흥분을 함께 공유하는 행동이에요.

고릴라는 좀 더 조용한 동물이지만, 모두가 먹이를 충분히 먹게 되었을 때, "우굼, 무굼" 같은 배 속에서 나오는 낮은 소리에 높은 음이 섞인 독특한 소리로 만족스러움을 표현하는 소리를 냅니다. 그러면 근처에 있던 다른 개체들도 일제히 같은 소리를 내지요. "좋아, 모두 배불리 먹었구나"라는 느낌의, 정말 행복한 노래입니다.

이런 노래나 춤은 언어의 의미 이전에 존재했던 것들이에요. 언어처럼 명확한 의미는 없지만, 분명히 의사소통의 수단이죠. 인간도 언어가 생기기 전에는 이러한 방식으로 소통하지 않았을까 싶습니다.

스즈키 야마기와 선생님께서 책에 "고릴라는 노래를 부른다"고 쓰셨던 게 기억나요.

야마기와 네, 그리고 그것은 우리 인간도 마찬가지입니다. 현대 사회에서는 좁은 의미의 언어만이 중시되지만, 인간 역시 음악, 노래, 춤으로 의사소통을 합니다.

스즈키 씨와 동물의 언어에 대해 이야기하면서, 현대인이 잊고 지낸 소통의 풍부함을 떠올릴 수 있지 않을까 기대하고 있어요.

조금 이야기가 벗어나긴 했지만, 저는 음악적 요소나 신체적 의사소통까지 포함해 언어를 넓게 바라보고 싶습니다.

스즈키 그렇군요. 의미를 가지지 않는 음악적 의사소통, 다른 존재와의 공명이나 동조, 공감도 우리가 지금 사용하는 언어로 이어지는 능력일 수 있겠네요. 단어나 문법 같은 언어 능력뿐만 아니라, 의사소통이나 인지 능력 등 조금 더 넓은 시각에서 비교해 본다면, 인간과 동물들 사이의 공통점과 차이점이 더 분명해질 거라 생각합니다. 그제야 비로소 "인간은 왜 이런 언어를 가지게 되었는가?", "침팬지는 왜 이런 방식으로 의사소통을 하는가?" 같은 수수께끼를 풀 수 있는 거겠죠.

아니, 이건 단지 언어에 그치지 않아요. 어떻게 세상을 바라보는지도 동물마다 완전히 다를 테니까요. 인간은 빨강, 파랑, 초록이라는 세 가지 기본색을 바탕으로 색을 느끼지만, 새들은 빨강, 파랑, 초록뿐 아니라 자외선도 감지할 수 있습니다. 게다가 GPS처럼 지구 자기장을 감지하기도 하죠. 따라서 세계를 바라보는 방식, 느끼는 방식이 완전히 다를 수밖에 없습니다.

야마기와 저도 그렇게 생각합니다.

스즈키 이 이야기는 앞 장에서 다뤘던 내용의 반복일 수도 있지만, 언어와 세상을 보는 방식은 동물의 종류에 따라 완전히 다를 수밖에 없어요. 푸른 하늘과 초록빛 나무들도, 환경에 맞춰 진화한 뇌의 결과물로 우리가 이렇게 보게 된 것일 뿐입니다. 새나 곤충에게는 완전히 다르게 보일 수 있고, 결국 우리의 세계를 바라보는 방식은 유일하거나 절대적이지 않다는 뜻이죠.

그래서 저는, 인간의 능력에서 동물의 능력을 뺀 차이만 보는 것이 아니라, 인간이 할 수 없지만 동물은 할 수 있는 것도 함께 살펴보는 것이 좋다고 생각합니다.

티투스와의 추억

야마기와 동물들은 우리처럼 말이 유창하지 않아서 그들의 내면을 알아차리기 어렵습니다. 하지만 머릿속에는 복잡한 생각과 기억이 들어 있어요. 단지 그것을 전달할 수 없을 뿐이죠. 저는 예전에 아프리카 르완다에서 약 2년 동안 고릴라와 함께 지낸 적이 있습니다. 그때 특히 친해진 고릴라가 있었는데, 바로 '티투스'라는 수컷 고릴라였어요. 처음 만났을 때 티투스는 여섯 살쯤이었나 봅니다. 고릴라는 친밀해지면 아주 가까이 다가옵니다. 어느 날 갑자기 비가 내렸을 때, 제가 나무 구멍 안에서 비를 피하고 있었는데, 거기에 티투스가 들어왔어요. 그래서 우리는 껴안고 잠들었답니다.

스즈키 그 이야기는 야마기와 선생님의 책에서 읽은 적이 있어요!

야마기와 하지만 저는 그 이후로 티투스를 만날 수 없게 됐습니다. 르완다 내전이 격화되면서 갈 수 없게 되었기 때문이에요. 결국 제가 다시 르완다에 갈 수 있었던 건 티투스와 헤어진 지 26년이 지난 후였어요. 티투스는 이제 34살이 되었을 테니, 살아 있다 해도 야생 고릴라의 평균 수명에 가까운 나이였죠. 이미 노인이 되었을 거예요. 그런데 티투스는 살아 있었습니다. 훌륭한 리더, 즉 성숙한 수컷 고릴라인 실버백(Silverback)*으로 무리를 이끌고 있었어요.

그런데 제가 아무리 고릴라 언어로 "구훔" 하고 인사를 해도, 티투스는 저를 힐끗 보기만 하고 모른 척하는 거예요. 관심을 끌려고 이것저것 해 봐도 소용없었죠.

정말 충격이었습니다. 2년이나 함께 지냈는데 나를 잊어버린 건가 싶었어요. 하지만 도저히 포기할 수 없어서, 이틀 뒤 다시 티투스를 찾아갔습니다. 그러자 이번에는 티투스가 먼저 저에게 다가왔어요.

스즈키 야마기와 선생님이라는 걸 알아본 거군요.

야마기와 그렇죠. 그때 생각이 났는데, 고릴라는 원래 그런 성격이에요. 조용히 시간을 들여 천천히 곰곰

* 등 털이 은색으로 변한, 성숙한 수컷 고릴라를 지칭하는 용어.

이 생각하는 것이 고릴라죠. 티투스는 이틀 동안 저를 떠올리고 있었던 것 같아요. 제가 "굿, 구훔" 하고 인사를 건넸더니, 티투스가 제 얼굴을 뚫어지게 쳐다보더니 "굿, 구훔" 하고 대답을 해 주었어요.

그러더니 티투스의 얼굴이 갑자기 어린아이처럼 변하더니, 땅바닥에 등을 대고 드러누웠습니다. 등을 대고 눕는 자세는 어린 고릴라가 자주 취하는 특징으로, 성체 고릴라들은 하지 않아요. 배가 나와 있어서 등을 대고 눕는 게 불편하기 때문이죠. 그런데 티투스는 그 자세를 취하고 근처에 있는 어린 고릴라를 붙잡아 장난을 치며 깔깔 웃기 시작했어요. 성체 수컷 고릴라들은 좀처럼 웃지 않는데, 완전히 어린아이처럼 변해 버린 거예요.

다시 말해, 티투스는 저와 함께했던 어린 시절의 몸 상태로 돌아가 버린 겁니다. 고릴라는 말을 할 수 없지만, 기억은 몸속 어딘가에 잠들어 있었던 거예요.

스즈키 만약 고릴라가 인간처럼 말을 할 수 있었다면, 야마기와 선생님에게 그 기억들을 이야기했을지도 모르겠네요. 수화를 배운 로랜드 고릴라 마이클이 예전에 있었던 일을 이야기했던 것처럼요.

야마기와 저는 어릴 적 티투스와 함께 놀았기 때문에, 티투스가 저를 기억해 내고 어릴 때로 돌아간 걸 알아챌 수 있었어요. 하지만 티투스와 놀아본 적 없는 사람이라면 알아차릴 수 없었겠죠.

그런데 만약 티투스가 인간의 말을 할 수 있었다면, “야마기와! 예전에 이렇게 놀았었지!”라고 표현했을 거예요. 그러면 티투스와 놀아본 적 없는 사람에게도 그 경험을 전달할 수 있었을 테죠. 그게 바로 인간 언어의 힘이에요. 경험하지 않은 일이나, 경험하지 않은 사람들에게도 정보를 전달할 수 있는 능력 말이에요.

스즈키 ‘지금’과 ‘여기’ 외에 대해서도 이야기할 수 있는 능력이죠. 언어학에서는 이를 초월성(transcendence)이라고 부르는데, 현재로서는 인간만이 가진 특성으로 알려져 있습니다.

다만, 방금 티투스의 사례에 국한되지 않고, 다른 동물들도 마음속에는 ‘지금’이나 ‘여기’ 외에 해당하는 기억이나 인지에 가까운 것을 가지고 있을 가능성이 크다고 생각해요. 이런 동물의 지성에 대해 고려하지 않고, 인간의 언어만을 특별하게 여긴다면, 동물의 언어는 물론이고, 인간 언어의 기원에도 다가가기 어려울 겁니다.

박새의 언어에도 문법이 있다

스즈키 그렇다고 하더라도, 인간의 언어가 매우 정교하게 잘 만들어진 것은 사실입니다. 그 대표적인 예가 바로 문법이죠. 문법은 단어를 배열하는 데 있어 규칙을 제공하는 역할을 합니다. 문법은 단어와 단어 사이의 관계를 결정하는 규칙일 뿐만 아니라, 유연성도 제공합니다. 문법이 있기 때문에 우리는 처음 듣는 문장도 의미를 이해할 수 있는 거죠.

예로부터 문법을 가진 것이 인간과 다른 생물을 구분 짓는 핵심 요소라는 관점도 있었습니다. 동물들은 다양한 소리를 낼 수 있지만, 특정한 소리에 대해 특정한 반응을 보일 뿐, 복잡한 문장을 만들 수 없다는 주장이죠. 하지만 박새는 문법을 가지고 있습니다. 저는 이를 실험을 통해 입증했어요.

야마기와 어떤 실험인가요?

스즈키 박새는 "피츠피, 지지지지"라고 우는 경우가 있습니다. 그런데 사실, 이것은 두 가지 울음소리가 조합된 것입니다. "피츠피"는 "경계하라!"는 뜻으로, 천적이 나타났을 때 사용합니다. 반면, "지지지지"는 "모여라!"는 뜻으로, 먹이를 발견한 개체가 동료를 부를 때 사용하죠. 그래서 저는 "피츠피, 지지지지"가 "경계하고, 모여라!"라는 "두 단어 문장(two-word sentence)"이 될 수 있다고 생각했습니다.

다만, 두 가지 단어를 조합했다고 해도, 이것만으로는 문법이 있다는 증명은 되지 않아요. 독립적인 두 가지 울음소리를 단순히 연달아 냈다고 볼 수도 있으니까요.

야마기와 그렇군요. 그것만으로는 문법이라고 할 수 없겠네요.

스즈키 그래서 저는 여러 야외 실험을 통해 박새에게 문법이 있는지 확인해 보기로 했습니다. 문법의 특징 중 하나는 같은 단어가 나열되더라도 어순이 바뀌면 의미나 뉘앙스가 달라진다는 점입니다. 예를 들어, "가져와"라는 말과 "와서 가져가"라는 말은 단어의 조합과 의미가 다르잖아요. 이는 문법 규칙이 있기 때문입니다.

야마기와 정말 그렇네요.

스즈키 그래서 박새 언어에도 같은 규칙이 적용되는지 확인하기 위해 실험을 설계했습니다. 제가 녹음한 "피츠피, 지지지지"를 컴퓨터로 편집해, "지지지지, 피츠피"라는 인공적인 음성을 만들어 들려주었어요. 왜냐하면, "피츠피, 지지지지"는 반드시 "피츠피" 뒤에 "지지지지"가 오는 순서로 울리거든요. 아마도 "모여라"보다 "경계하라!"가 우선순위가 높기 때문일 겁니다.

우리 인간도 우선 "위험해!" 라고 주의를 환기한 후에, "차가 온다!" 혹은 "엎드려!" 같은 다음 지시로 넘어가는 것과 비슷하죠. 즉, 박새의 울음소리에도 "경계가 먼저, 모임이 나중"이라는 규칙이 존재한다는 뜻입니다.

야마기와 그렇군요. 그럼 그 규칙을 깨뜨리면 어떻게 되죠?

스즈키 그게 핵심입니다. 만약 그 규칙을 깨뜨려도 의미가 통한다면, "피츠피, 지지지지"는 단순히 두 소리를 연달아 울리는 것일 뿐 문장이 아니죠. 하지만 규칙을 깨뜨렸을 때 의미가 통하지 않는다면, 이는 문법이 있다는 뜻입니다.

실험 결과, 박새들에게 올바른 어순인 "피츠피, 지

지지지"를 들려줬을 때, 경계를 유지하며 스피커 쪽으로 다가왔습니다. 하지만 어순을 뒤집은 "지지지지, 피츠피"를 들려줬을 때는, 박새들이 그다지 경계하지 않았고 스피커에도 거의 다가가지 않았어요.

박새는 동료를 모아 천적을 몰아낼 때 "피츠피(경계) 지지지지(집합)"를 조합해 사용한다. 이 소리를 들려주면 박새는 경계하면서 스피커 쪽으로 모이지만, 순서를 뒤집어 들려주면 적절한 반응을 보이지 않는다.

즉, 박새는 어순을 명확히 이해하고, "피츠피, 지지지지"가 "경계하고, 모여라!"를 의미한다는 것을 이해한 겁니다. 이 실험을 논문으로 발표한 것은 2016년

인데, 인간 외 동물에게서 처음으로 문법 능력이 확인되었다는 점에서 많은 주목을 받았습니다.

야마기와 정말 대단하네요.

오시바 루가
힌트를 주었다

스즈키 하지만 이 실험만으로는 충분하지 않았습니다. 규칙을 깨뜨리면 의미가 통하지 않는다고 해서, 그것만으로 문법의 존재를 증명했다고 보기는 어렵다는 생각이 들었기 때문입니다. 그래서 이듬해 새로운 실험을 계획했습니다.

아까 말씀드렸듯이, 문법에는 "처음 듣는 문장이라도 문법 규칙을 따르면 이해할 수 있다"는 특징이 있습니다.

이 특징을 잘 보여 주는 사례가 바로 탤런트 오시바 루 씨입니다.

야마기와 그게 무슨 뜻이죠?

스즈키 2000년대에 오시바 루 씨가 만든 '루어(루 씨가 만든 언어)'가 유행했잖아요. 예를 들어 "아닌 나이트(night, 밤)에 홍두깨" 같은 표현처럼, 영어가 뒤섞인 문장이었죠.

그게 사실 굉장히 흥미로운 거예요. 보통 이런 표현을 쓰는 사람은 없으니 대부분의 사람들에게는 처음 듣는 문장이었는데도, 들으면 그 의미를 바로 이해할 수 있잖아요.

"아, '아닌 밤중에 홍두깨'란 말이구나" 하고요.

이건 기존 외국어가 섞여 있어도 문법적으로는 올바르기 때문이에요. 기존 문법에 따르고 있는 거죠. 처음 듣는 기묘한 문장이라도 문법이 있다면, 그 규칙을 적용해서 이해할 수 있어요. 저는 이 특징을 이용해서 박새에게 문법이 있는지를 확인해 보기로 했습니다.

야마기와 흥미롭군요.

스즈키 저는 그 실험에서, 여러 종의 동물로 이루어진 군집 사회인 '혼군(混群)*'에 주목했습니다. 제가 야외 조사 중인 카루이자와에서는, 겨울이 되면 박새가 북방쇠박새라는 다른 새와 함께 무리를 지어 생활합니다.

야마기와 혼군이라, 영장류에서도 볼 수 있는 현상이네요.

---

* 다른 종과 함께 무리를 이루는 것으로, 포식자로부터의 회피 등 여러 이점이 있다. 박새류뿐 아니라 물고기, 유제류, 영장류에서도 관찰되는 현상이다.

스즈키 혼군도 진화의 산물이죠. 작은 새의 경우, 천적으로부터 몸을 더 잘 보호할 수 있다는 점이 혼군의 이점으로 여겨집니다. 그래서 혼군이라는 습성이 진화한 건데, 여기엔 한 가지 문제가 있어요.

같은 새더라도 종이 다르면 '언어'가 다르다는 겁니다.

야마기와 예를 들면요?

스즈키 박새 언어로 "모여라"는 "지지지지"지만, 북방쇠박새 언어에서는 "디디"로 표현합니다.

흥미로운 건, 소리가 이렇게 다르더라도 박새가 북방쇠박새 언어를 이해할 수 있다는 거예요.

사람이 외국에서 살다 보면 외국어를 이해하게 되는 것처럼, 새들도 서로의 울음소리와 그 의미를 제대로 학습합니다. 북방쇠박새가 "디디"라고 울면, 박새도 모여들거든요.

말하자면, 박새에게 북방쇠박새 언어는 일본인에게 영어와 같은 거예요. 그래서 여기서 오시바 루 씨의 이야기를 다시 떠올리게 되죠. 일본인이 루어를 이해할 수 있는 건 문법 덕분이에요. 그렇다면 박새가 새들의 세계에서 루어와 같은 언어를 이해할 수 있다면, 이 역시 문법이 있다는 뜻이 되는 거죠.

야마기와 정말 흥미로운데, 어떻게 실험한 건가요?

스즈키 아까 말씀드린 "경계해라, 모여라!", 즉 "피츠피(경계), 지지지지(모여라)"를 활용했습니다.

이걸 루어로 만들어 본 거죠. 구체적으로는, 녹음된 소리를 편집해 "모여라" 부분을 북방쇠박새 언어인 "디디"로 바꿨습니다. 즉, "피츠피, 디디"가 된 겁니다.

이는 박새 언어와 북방쇠박새 언어가 섞인 문장으로, 일종의 새들의 루어인 셈입니다. 새들의 세계에는 오시바 루 같은 존재가 없기 때문에 이런 울음소리는 존재하지 않지만, 문법적으로는 올바릅니다.

이걸 박새들에게 들려줬더니, 뜻이 통했습니다. 56마리를 대상으로 실험한 결과, 대부분의 개체가 주변을 경계하면서 소리가 나는 곳으로 다가왔어요.

그런데 문법적으로 잘못된 소리, 즉 "디디, 피츠피"를 들려줬을 때는 거의 모든 박새가 반응하지 않았습니다. 이는 "경계가 먼저, 모임은 나중"이라는 규칙을 따르지 않으면 새들의 루어를 이해할 수 없다는 것을 의미하죠.

이 실험을 통해 박새들도 인간처럼 문법을 바탕으로 소통한다는 것을 알 수 있었습니다.

야마기와 정말 흥미롭네요.

결정적 한 방 "병합"

스즈키 이 실험에는 이어지는 이야기가 있습니다. 이처럼 새의 울음소리에도 문법이 있다는 근거를 꾸준히 쌓아 왔지만, 여전히 새들이 인간처럼 말한다고 주장하는 데 대해 저항감을 가진 연구자들도 많습니다.

그래서 "한 방 더 필요하다"고 생각했죠. 그게 바로, 박새에게 병합*의 능력이 있는지 확인하는 실험입니다.

야마기와 병합이라면, 언어학에서 자주 논의되는 두 단어를 하나의 의미 단위로 묶는 조작을 뜻하죠.

스즈키 맞습니다. 다만 "조작"이라는 표현이 모호하기 때문에, 저는 "두 단어를 하나의 단위로 인식하는

* 언어학 용어로, 미국의 언어학자 노엄 촘스키가 1995년 논문에서 제안한 개념이다. 전통적으로는 인간 언어만의 독특한 특성으로 간주되어 왔다.

능력"이라고 다시 정의하고 싶어요.

예를 들어 영어 표현인 "컴 톡(Come Talk)"를 생각해 봅시다. 이 표현의 의미는 단순히 "와서 말해"라는 느낌인데, "Come"과 "Talk"라는 두 단어가 단순히 나열된 것이 아니라, "Come Talk"라는 하나의 구로 인식됩니다. 이것이 바로 병합입니다.

단순히 연속적으로 발화되는 것이 아니라, "하나의 단위로 인식되는 점"이 병합의 핵심입니다.

예를 들어, "빨간 사과"라는 표현이 있죠.

이는 단순히 "빨간"과 "사과"라는 두 단어를 나열한 것이 아니라, 인간은 이 표현을 "빨간 사과"라는 하나의 개념으로 이해할 수 있습니다.

바로 이 병합이야말로 인간만이 복잡한 문장을 만들어 낼 수 있는 능력의 핵심이라는 가설이 있습니다.

그리고 실제로, 인간 이외의 동물에게서 병합이 확인된 사례는 지금까지 없었습니다.

저는 이 가설에 도전해 보기로 했습니다.

야마기와 "피츠피, 지지지지"에 문법이 있다고 하더라도, 그것만으로 병합이 존재한다고는 할 수 없겠군요.

스즈키 네, 그렇습니다. 박새가 "피츠피, 지지지지"를 하나의 단위로 인식하지 않고, "피츠피"와 "지지지지"

를 별개의 두 단어로 인식하고 있을 가능성도 있으니까요.

하지만 박새에게 병합 능력이 있는지 어떻게 확인할지 고민하다가, 두 마리의 개체가 울고 있는 상황을 활용하는 방법을 떠올렸습니다.

한 개의 스피커에서 "피츠피, 지지지지"를 재생하면, 박새는 때까치 박제를 향해 위협 행동을 보였다. 그러나 두 개의 스피커에서 각각 "피츠피"와 "지지지지"를 나눠서 재생하자, 박새는 위협 행동을 보이지 않았다.

야마기와 두 마리라니, 무슨 의미인가요?

스즈키 아까 예를 든 "Come Talk"가 이해하기 쉬운 예인데요. 예를 들어, 눈앞에 A와 B라는 두 사람이 있다고 해 보죠. A가 "Come"이라고 말하고, B가 "Talk"라고 말한다면, 당연히 의미는 "Come Talk"가 되지 않아요. A는 "와라"라고 말하고, B는 "말해라"라고 각각 따로 말하는 거니까요. 반면, A 혼자서 "Come Talk"이라고 말하면 "와서 말해라"라는 의미가 되죠.

즉, 병합 능력을 가진 우리 인간은 두 단어를 하나의 표현으로 묶을 때, "누가 단어를 발화하고 있는가"를 정확히 파악하고, 이어지는 단어 간의 관계성을 이해합니다.

야마기와 확실히 그렇군요.

스즈키 저는 두 개의 스피커와 박새의 천적인 때까치 박제를 이용해, 방금 언급한 "Come Talk" 예시와 비슷한 상황을 재현해 보았습니다.

먼저, 한 개의 스피커에서만 박새에게 "피츠피, 지지지지"를 들려줬더니, 예상대로 때까치 박제를 향해 위협 행동을 보였습니다. "피츠피, 지지지지"가 "경계해, 모여!"라는 의미로 인식된 겁니다.

그런데 한쪽 스피커에서 "피츠피"를 재생하고, 곧이어 다른 스피커에서 "지지지지"를 재생했더니, 박새들은 때까치를 쫓아내지 않았습니다.

즉, 한쪽 스피커에서 "경계하라"는 메시지가, 다른 스피커에서는 "모여라"는 별개의 메시지가 들렸다고 인식된 것이죠. 총 64개의 박새 무리를 대상으로 실험했는데, 반응이 전혀 달랐습니다. 이는 박새에게도 병합의 능력이 있다는 것을 보여 줍니다.

야마기와 두 개의 단어를 하나의 단위로 인식한다는 거군요. 대단합니다. 그렇다면 언어학에서 말하는 "재귀*"도 가능한가요?

스즈키 재귀란 언어학에서 병합과 함께 자주 논의되는 개념으로, 무한히 긴 문장을 만드는 능력을 말합니다. 예를 들어 "나의 아버지", "나의 아버지의 아버지", "나의 아버지의 아버지의 아버지"와 같은 방식으로 동일한 구조를 중첩하여 무한히 확장할 수 있는 것이 재귀입니다.

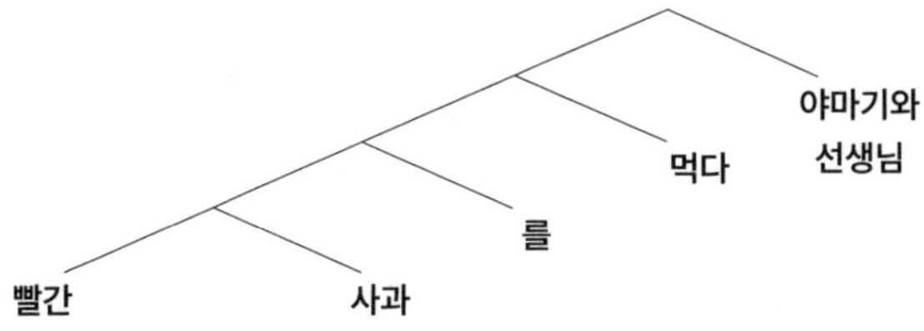

인간은 두 개의 단위를 결합하고, 그 단위에 또 다른 요소를 결합하는 작업을 반복하여 문장을 만든다. 그 결과, 그림과 같은 계층 구조가 생긴다.

비슷하게 "빨간" + "사과"로 "빨간 사과"라는 단위를

* 인간 언어의 중요한 특징으로, 언어학자 촘스키는 재귀가 언어 능력의 핵심이라고 주장했습니다.

만들고, 여기에 "먹다"를 더해 "빨간 사과를 먹다"라는 새로운 단위를 만들거나, 여기에 다시 "야마기와 선생님"을 더해 "빨간 사과를 먹는 야마기와 선생님"처럼 계층적 구조를 형성하는 것도 인간 언어의 특징입니다.

결론적으로 박새의 울음소리에서는 재귀나 계층적 구조는 아직 발견되지 않았습니다. 하지만 박새는 병합을 통해 두 단어를 하나의 단위로 묶을 수 있습니다.

이 발견은 병합과 재귀가 별개의 능력임을 시사한다고 생각합니다.

인간의 경우, 병합을 통해 두 단어나 단위를 결합하여 긴 문장을 만들어 내기 때문에, 병합과 재귀는 한 세트로 간주되곤 했습니다. 하지만 박새 연구를 통해 병합과 재귀가 별개의 능력으로 간주되어야 할 가능성이 제기되었습니다.

이런 의미에서 이번 실험은 인간 언어를 이해하는 데에도 큰 영향을 미칠 수 있는 실험이었다고 자부합니다.

언어의
진화와 문화

야마기와 정말 흥미롭네요. 스즈키 씨의 말씀에 전적으로 동의합니다. 하지만 저는 동시에, 문법이 그 동물이 가진 인지와 사회적 틀에도 관련이 있다고 생각합니다.

인간의 예를 들어 보면, 방금 언급한 병합 능력과 관련이 있다고 생각하는 것이 바로 도구의 진화입니다. 왜냐하면, 인간은 두 가지 도구를 결합해 새로운 하나의 도구를 만들어 낼 수 있기 때문입니다.

예를 들면, 창이 그러한 사례죠. 창이 등장한 것은 약 50만 년 전이라고 알려져 있습니다. 그전까지의 석기는 창의 끝부분, 즉 단독적인 도구로 사용되던 것이었습니다.

아슐 석기(아슐리안형 주먹 도끼)가 대표적인 예로, 우리 조상들은 이를 이용해 동물의 뼈에서 고기를 분리하거나 단단한 잎을 잘라 냈습니다.

스즈키 구석기 시대의 시작 즈음 이야기네요.

야마기와 아슐 석기는 약 170만 년 전부터 등장했지만, 주먹 도끼를 단독으로 사용하는 상태가 무려 100만 년 이상 지속되었습니다. 그런데 어느 시점에서 봉이라는 별도의 도구와 결합되어 창이 탄생했죠. 이는 언어의 병합과 비슷한 작업을 언어 외의 영역에서 수행한 것이라고 볼 수 있습니다.

스즈키 확실히 두 가지 도구를 결합해 창을 만든 셈이네요.

야마기와 그리고 또 하나, 제가 인간의 언어 능력과 관련 있다고 생각하는 것은 바로 사회적 진화입니다.

이는 병합보다는, 유닛에 유닛을 더해 긴 문장을 만드는 재귀 능력과 연결되어 있을지도 모르겠네요.

다른 영장류에서는 찾아볼 수 없는 인간 사회의 특징 중 하나는, 집단이라는 유닛이 이중으로 겹쳐진 구조를 가지고 있다는 점입니다.

스즈키 이중 구조라니, 무슨 의미인가요?

야마기와 네, 인간 사회에는 '가족'이라는 유닛 위에 '공동체'라는 또 다른 유닛이 겹쳐져 있습니다.

고릴라 사회에는 가족이라는 유닛만 존재하고, 침팬지 사회에는 공동체 유닛만 존재합니다.

예를 들어 겔라다개코원숭이의 경우, 500마리가 넘

는 큰 집단을 형성하기도 하는데, 이는 한 마리의 수컷을 중심으로 형성된 집합체로, 계층적 구조를 가지고 있습니다.

이런 점에서 인간과 유사하다고 볼 수 있지만, 개별 겔라다개코원숭이는 한 마리의 수컷 중심 체제에서 벗어날 수 없기 때문에 이중 구조는 아닙니다.

스즈키 그럼 인간은 어떤가요?

야마기와 어떤 특정한 여성이 가족 내에서는 어머니이자 아내의 역할을 하면서, 동시에 공동체에서는 한 명의 여성의 역할을 하기도 합니다.

이처럼 여러 유닛이 동시에 겹쳐 작동하기 때문에, 한 개체가 여러 역할을 나눠 수행할 수 있는 거죠.

하지만 다른 유인원들에서는 여러 역할을 동시에 가지는 일이 없습니다. 예를 들어, 암컷은 임신 중이거나 수유 중일 때는 발정 상태가 될 수 없습니다.

즉, '여성'과 '어머니'라는 서로 다른 역할이 겹치는 일이 없다는 거죠.

스즈키 그럼 인간 사회처럼 이중 구조를 가진 예는 없는 거군요.

야마기와 그렇습니다. 인간은 이중 구조를 넘어, 가족과 공동체 외에도 사냥을 위한 남성만의 유닛 등 여러 유닛에 동시에 속합니다.

이처럼 복잡한 사회 구조의 진화와 여러 사물을 결합해 도구를 만드는 능력은, 병합이나 재귀 같은 언어 능력과 상호 연관성을 가지며 함께 발전해 온 게 아닐까 싶습니다.

그리고 이를 가능하게 만든 것이 타인에게 공감하는 능력과 병합 및 재귀와 같은 인지 능력이 아닐까 생각합니다.

제가 음악과 춤에 주목하는 것도 이 공감 능력과 깊은 관련이 있기 때문입니다.

공감하는 개

스즈키 공감이라고 하시니 떠오른 게 있는데, 제가 '쿠짱'이라는 강아지를 키우고 있습니다. 키워 보니 개가 정말로 똑똑하다는 걸 느꼈습니다. 그전에는 박새가 세상에서 가장 똑똑하다고 생각했는데요(웃음), 쿠짱도 정말 영리합니다.

"멍멍"이나 "킁킁"처럼 제한된 소리만 낼 수 있지만, 서로의 마음을 이해할 수 있더라고요.

야마기와 개의 지능에 대한 연구는 최근 몇 년 사이 급격히 발전했어요. 지금은 개의 인지 능력이 유인원보다도 인간에 가깝다는 이야기가 나옵니다.

예를 들어, 사람이 가리키는 방향을 이해하고 바라볼 수 있다는 건, 제한된 동물들만 가진 능력이죠.

스즈키 늑대 새끼와 강아지, 그리고 인간 아기의 인지 능력을 비교한 연구 논문을 읽어 본 적이 있는데요, 강아지는 늑대보다 인간 아기와 더 비슷하더라고요.

우리 집 쿠짱도 제 표정이나 사소한 몸짓을 이해하는 것 같아요. 게다가 쿠짱은 흰자도 있습니다.

야마기와 흰자가 있으면 시선의 방향을 더 잘 알 수 있죠. 이건 의도를 다른 개체에게 전달할 필요성과 함께 진화한 것으로 알려져 있습니다. 사람은 뚜렷한 흰자를 가지고 있지만, 다른 영장류는 그렇지 않아요.

그런데 개도 또렷한 흰자를 가진 드문 동물입니다. 개의 조상인 늑대에게는 흰자가 없는데, 개에게만 흰자가 생긴 건 인간에게 길들여지면서 일어난 진화라고 해요.

스즈키 씨가 키우는 강아지 쿠짱과의 산책 장면. 쿠짱의 눈높이에 맞춰 시간을 함께 보내는 모습이 진정 동물 연구자답다.

스즈키 사람에게 우호적이고 얌전한 동물이 되는 '가축화' 말씀이시군요.

야마기와 그렇습니다. 최근 주목받고 있는 실험 중 하나가 소련의 동물학자 드미트리 벨라예프*가 진행했던 야생 은여우의 가축화 실험이에요.

---

* 소련의 동물학자(1917~1985). 러시아 과학 아카데미 시베리아 분원의 부총재를 역임했다.

사바나개코원숭이는 긴꼬리원숭이과에 속하며, 아프리카 사바나에서 무리를 지어 살아간다. 선명한 붉은 엉덩이가 특징.

그는 사람을 잘 따르는 은여우 개체만 선택해 교배를 반복했는데, 약 40세대(25년)가 지나자 이 은여우들이 마치 개처럼 변했습니다.

사람을 두려워하지 않고 꼬리를 흔들 뿐만 아니라, 머리가 둥글어지고 얼굴이 납작해졌으며, 털 색깔에도 반점 같은 변화가 생기는 등 외형까지 변했죠.

특히 흥미로운 건 뇌 크기가 작아진다는 점이에요.

스즈키 늑대가 개로 진화하는 데는 약 3만 년이 걸렸는데, 은여우는 사람 친화적인 개체만 선택 교배했을 뿐인데도 약 50년 만에 개처럼 변했죠.

그렇다면 우리가 말하는 지능이나 공감 능력도 사실은 단기간에 진화할 수 있는 능력일지 몰라요.

야마기와 맞습니다. 이는 거주 환경이나 사회의 복잡성에 적응한 결과가 아닐까요.

거짓말을 하는 박새

스즈키 정말 그렇다고 생각합니다. 동물들이 우리가 생각하는 것보다 훨씬 더 똑똑하거나 복잡한 소통을 하고 있어도 전혀 이상하지 않죠.

저처럼 1년의 절반 이상을 아침부터 저녁까지 숲에서 보내는 생활을 하다 보면, 매일 새로운 발견을 하게 됩니다. 예를 들어, 박새에게서 높은 수준의 의도 같은 것을 느낄 때도 자주 있어요.

야마기와 예를 들면 어떤 경우인가요?

스즈키 박새는 다른 새들과 혼군을 이루기도 하는데, 몸집이 큰 새들과 무리를 이루면 먹이를 두고 경쟁할 때 박새가 불리해질 수 있죠.

그럴 때 박새는 거짓말을 합니다. "매가 나타났다!"라는 식으로 주의를 끄는 울음소리를 내요. 그러면 다른 새들은 놀라서 도망치고, 박새는 그 틈에 먹이를 손에 넣습니다.

본래 맥락과 다른 상황에서 울음소리를 사용하는 건, 인간의 언어로 따지면 '속임수'를 쓰는 것이죠. 저는 이 행동에서 그들 나름의 사고와 의도를 강하게 느껴요.

야마기와 영장류 중에서도 비슷한 행동이 관찰됩니다.

사바나개코원숭이는 단단한 땅속에 있는 어린 싹을 먹는 습성이 있는데, 어린 개코원숭이는 땅을 팔 수 없어서 먹지 못해요.

그런데 어린 개코원숭이가 땅을 파고 있는 젊은 수컷 근처에 가서 비명을 지르면, 어미가 무슨 일이 생긴 줄 알고 급히 달려와 수컷을 쫓아내죠. 그러면 어린 개코원숭이는 땅속의 싹을 먹을 수 있게 되는 거예요.

스즈키 박새의 속임수 행동과 비슷하군요.

야마기와 다시 개코원숭이의 예를 들어 보자면, 강한 수컷에게 쫓기던 수컷이 갑자기 멈춰서 주변을 살펴보는 경우가 있습니다.

이 행동은 보통 사자나 표범 같은 천적이 있을 때 보이는 것이기 때문에, 쫓아가던 수컷은 순간 멈칫하죠. 하지만 실제로 주변에 천적은 없어요. 강한 수컷으로부터 도망가기 위한 일종의 연기라고 할 수 있죠.

스즈키 그것도 속임수로 해석할 수 있을까요?

야마기와 개코원숭이가 그런 의도를 가지고 있는지는 알 수 없습니다.

"마치 사자가 있는 것처럼 주변을 둘러보면 상대가 놀라겠지"라는 식으로, 상대방의 마음을 추측하고 행동하고 있는지는 증명하기 어렵죠.

스즈키 상대가 마음을 가지고 있다고 가정하는 능력, 즉 이른바 '마음 이론(Theory of Mind)*'을 가지고 있는지가 흥미로운 지점이네요.

* 상대방이 무엇을 생각하고 있는지를 추측하고 이해하는 능력. 특히 발달심리학에서 유아를 대상으로 한 실험이 많이 이루어졌으며, 동물도 이 능력을 가지고 있는지에 대한 연구가 진행되고 있다.

마음 이론

야마기와 침팬지 정도가 되면, 마음 이론을 가지고 있다는 것이 밝혀졌습니다.

유명한 실험이 하나 있는데, 한 방사장에서 강한 침팬지와 약한 침팬지를 함께 둡니다. 그리고 연구자는 약한 침팬지에게만 바나나가 있는 위치를 알려줍니다.

하지만 약한 침팬지는 강한 침팬지가 보는 앞에서 먹이를 가지러 가면 뺏길 수밖에 없겠죠.

이때, 마음 이론이 중요한 역할을 합니다. 약한 침팬지는 강한 침팬지가 보고 있는 동안에는 일부러 먹이가 없는 쪽으로 가는 척을 합니다. 강한 침팬지가 "뭐야, 먹이를 가지러 가는 게 아니구나"라며 방심해 고개를 돌린 순간, 재빨리 먹이를 가지러 갑니다.

스즈키 상대방의 생각을 추측할 수 있는 거군요.

야마기와 그런데 이 실험에는 또 다른 이야기가 이어집니다. 강한 침팬지도 마음 이론을 가지고 있기 때문에, 약한 침팬지를 방심시키기 위해 일부러 다른 방향을 바라보다가, 약한 개체가 먹이를 집으려는 순간에 갑자기 돌아봅니다.

상대방이 무엇을 생각하고 있는지 상상하지 못하면 이런 행동을 할 수 없겠죠.

스즈키 다른 원숭이들도 이런 행동을 하나요?

야마기와 다른 원숭이들은 이런 행동을 할 수 없습니다. 원숭이 세계에서는 시각과 강약의 서열이 매우 중요한 의미를 가집니다.

예를 들어, 약한 수컷 원숭이는 바위 뒤에 숨어 암컷과 교미를 합니다. 교미하는 장면을 우두머리 원숭이가 보게 되면 위험하기 때문이죠. 하지만 우두머리 원숭이의 위치를 알고 싶기 때문에, 교미 중인 바위 뒤에서 머리만 내밀고 우두머리가 있는 쪽을 살핍니다.

긴꼬리원숭이과에 속하는 로에스트원숭이. 1마리의 수컷과 10~17마리의 암컷 및 새끼들로 이루어진 무리를 이루어 생활하며, 여러 암컷이 함께 새끼를 키운다.

물론 우두머리 원숭이는 바위에서 내민 머리를 볼 수 있지만, 그 뒤에서 교미가 이뤄지고 있다는 사실은 이해하지 못합니다. 시각이 전부이기 때문입니다.

마음 이론을 가지고 있는 것은 침팬지, 고릴라, 오랑우탄, 그리고 인간뿐입니다. 같은 영장류라도 인지 능력에는 차이가 있는 겁니다.

스즈키 그런 차이는 왜 생긴 거라고 보시나요?

야마기와 사회 구조의 복잡성 차이 때문이라고 생각합니다. 침팬지나 고릴라에 비해, 일본원숭이나 긴꼬리원숭이의 사회는 비교적 단순하고, 자신과 상대 중 누가 더 강한지가 가장 중요한 요소죠.

하지만 더 복잡한 사회에서 의사소통을 하기 위해서는 상대가 무엇을 생각하고 있는지를 추측하는 능력이 필요하며, 이를 위해 마음 이론이 진화한 것 같습니다.

공상하는 능력

야마기와 동물의 의외의 인지 능력을 보여 주는 또 다른 예로는, '스캐폴딩(Scaffolding)'이라고 불리는 행동이 있습니다. 일본어로는 '지지 행동' 정도가 될까요?

어린아이가 계단을 내려가려고 할 때, 위험하니까 어른이 아이를 붙잡아 주잖아요. 이게 바로 스캐폴딩인데, 이것이 가능하려면 어린아이가 계단을 내려갈 능력이 없다는 것을 알고 있어야 합니다. 즉, 타인의 능력을 잘 이해하고 있다는 것이 스캐폴딩의 전제 조건이 됩니다.

하지만 스캐폴딩은 영장류 중에서도 인간을 포함한 유인원에게만 관찰되는 행동이에요. 예를 들어, 개코원숭이는 스캐폴딩을 하지 못하기 때문에, 우기 때 어미가 새끼를 안고 물속에 들어가 새끼를 익사시키는 일이 발생하기도 합니다.

스즈키 아기 원숭이가 수영을 못 한다는 인식이 없는 거군요.

야마기와 또 유인원에게 공통적으로 보이는 흥미로운 행동 중 하나는 '비행기 태우기 놀이'입니다.

스즈키 비행기 태우기 놀이요?

야마기와 인간도 하잖아요. 어른이 아이를 들어 올려서 "날아간다!" 하고 놀아주는 거요. 때로는 발바닥 위에 아이를 올려놓고 들어 올리기도 하죠.

스즈키 아, 맞아요. 그런 놀이 많이 하죠.

야마기와 그 행동을 침팬지, 오랑우탄, 고릴라도 합니다. 하지만 원숭이나 개코원숭이에게는 확인되지 않았어요.

비행기 태우기를 하려면 공상이나 상상 능력이 필요합니다. 유인원은 하늘을 날 수 없는데, 마치 날고 있는 것처럼 움직이는 거죠. 이 "마치 ~처럼"이라는 점이 중요하며, 일종의 상상력이 작용하는 겁니다.

스즈키 그건 새도 못 하겠네요.

동물의 의식

스즈키 동물의 마음 이론이나 인지 능력을 조사하는 것은 매우 어렵습니다. 저희 인간은 동물이 될 수 없으니까요. 특히, 동물이 우리처럼 의식을 가지고 있는지 알아내는 것은 정말 어려운 일입니다.

인간에게는 의식이 있죠. 더 정확히 말하면, 인간이라기보다, 나에게 의식이 있다는 것을 내가 알고 있다는 점이 중요한데요.

현재의 저라면, 제 앞에 야마기와 선생님이 있고, 근처에 커피가 놓여 있으며, 그 향기가 퍼져 나가고 있다는 주관적인 의식을 가지고 있습니다. 사과를 보면 빨간색을 느끼고, 종이에 손을 베면 고통을 느끼죠.

그렇다면 동물은 어떨까요? 박새가 하늘을 날 때의 '나는 느낌'이나, 먹이로 삼는 애벌레의 맛은 그들에게 어떻게 느껴질까요? 이것이 의식과 관련된 문제입니다.

야마기와 의식에 대한 철학적 논의는 많지만, 저는 단순하게 "내가 무엇을 하고 있는지 알고 있다"라고 정의해도 좋다고 생각합니다. 저는 지금 제가 스즈키 씨와 대화하고 있다는 것을 알고 있습니다. 즉, 저는 의식을 가지고 있죠.

스즈키 즉, 자의식이라는 거군요. 동물의 자의식을 조사하기 위해 거울을 보여 주는 '거울 테스트(Mirror Test)'라는 실험이 있잖아요.

야마기와 있죠. 침팬지를 대상으로 한 실험에서는, 침팬지에게 마취제를 놓아 잠든 사이에, 거울로만 볼 수 있는 얼굴 부위에 잉크를 묻혀 둡니다. 그런 다음 깨어난 침팬지 앞에 거울을 놓으면, 거울을 보며 잉크를 닦아 내려고 하죠.

이것은 거울 속에 비친 존재가 자기 자신임을 이해하고 있다는 뜻입니다. 자기 자신을 외부에서 바라볼 수 있다는 것이죠. 그것이 곧 의식을 가지고 있다는 증거라는 겁니다.

침팬지 외에도 코끼리, 돌고래, 심지어 문어나 일부 물고기 같은 동물도 거울 테스트를 통과했다고 하더군요.

스즈키 거울 테스트는 시각에 의존하는 동물들에게는 유효하지만, 예를 들어 개는 이 테스트를 통과하지 못하죠. 아까 말씀드린 것처럼 매우 똑똑한 데도, 거울에 비친 자신을 자신으로 인식하지 못하고 적이라고 생각하며 짖어댑니다. 우리 집 쿠짱도 창문에 비친 자신을 보고 짖곤 해요.

다만, 개는 후각이 우선인 동물이기 때문에 개의 자기의식이 없다고 거울 테스트만으로 단정할 수는 없다고 생각합니다. 아마도 우리가 상상할 수 없는 방식으로 '후각을 통한 자의식'을 가지고 있을지도 모르니까요.

야마기와 원숭이는 거울 테스트를 통과할 수 없습니다. 하지만 재미있는 점은 원숭이는 거울이 이쪽 세계를 비추고 있다는 사실은 이해합니다. 예를 들어, 거울을 보며 자신의 뒤에 있는 물건을 집어 들 수 있습니다.

그러나 거울에 비친 원숭이가 자신이라는 사실은 이해하지 못합니다. 그것을 다른 원숭이라고 생각하는 것 같아요.

스즈키 정말 흥미롭네요. 거울의 구조는 이해하지만, 자신이 그곳에 있다는 사실은 인식하지 못하다니요.

야마기와 저는 의식을 가지려면 최소한 마음 이론을 가지고 있어야 한다고 생각합니다. 아까 언급한 스캐폴딩과도 관련되는데, 타인의 내면을 추측할 수 없다면, 자신의 마음을 외부에서 인식하는 것도 어려울 수 있습니다.

스즈키 그렇군요. 저는 조금 다른 관점인데, 마음 이론을 갖추기 위해서는 자기 의식에 더해 공감 능력이 필요하다고 생각합니다. 공감하는 대상이 없어도 자기 의식만 가질 수는 있지만, 공감하는 대상을 통해 마음 이론이 발전했을 가능성이 크다고 봅니다.

야마기와 일리 있네요. 원숭이는 단순한 수준의 공감 능력이 있다고 알려져 있지만, 인간처럼 깊은 수준의 공감 능력은 없습니다. 깊은 공감은 마음 이론을 필요로 하는 상당히 고차원적인 인지 능력입니다.

스즈키 정말 흥미롭죠. 같은 영장류라도 거울 테스트를 통과할 수 있는 종과 그렇지 못한 종이 있다니요. 동물의 인지 능력은 가까운 종들 사이에서도 의외로 차이가 크네요.

야마기와 언어를 다루는 능력에서도 비슷한 점이 보입니다. 예를 들어, 인간에게는 빨갛고 달콤새콤한 과일을 '사과'라고 부르는 규칙이 있죠. 따라서 '사과'라는 소리를 들으면 그 과일을 의미한다고 쉽게 추론할 수 있습니다.

즉, A → B가 성립하면 B → A도 추론할 수 있습니다.

이는 인간 언어의 기본 규칙으로, 대칭적 추론이라고 부릅니다.

하지만 침팬지는 이 능력을 가지고 있지 않습니다. 예를 들어, 교토대 영장류 연구소에 있던 침팬지 아이짱도 사과를 '사과'라는 기호로 표현할 수 있다는 것은 이해했지만, '사과'라는 기호가 사과를 의미한다는 사실은 이해하지 못했습니다.

스즈키 정말 흥미롭네요. 침팬지와 인간 사이에서도 사물을 논리적으로 이해하는 방식이 완전히 다르다는 거네요.

박새가 되고 싶다

야마기와 지능을 정의하는 건 언제나 어렵다고 생각해요. 왜냐하면, 우리가 인간의 기준으로 생각하는 지능이 절대적인 것은 아니기 때문이죠. 말로 표현되지 않는, 우리 인간이 모르는 다른 형태의 지능이 있을지도 몰라요.

스즈키 맞아요. 저는 종종 박새가 되고 싶다고 생각해요. 숲에서 관찰을 하다 보면, 그들의 인지와 의사소통이 인간이 생각하는 것보다 훨씬 더 복잡하다는 걸 알게 되거든요. 하지만 저는 박새가 아니니까, 실험으로 외부에서 그것을 확인하는 수밖에 없어요. 박새의 주관적인 경험을 느낄 수 없다는 게 정말 아쉬워요.

새들은 자외선을 볼 수 있고, 침팬지는 인간과 비교할 수 없을 정도로 뛰어난 단기 기억 능력을 가지고 있다고 하죠. 만약 그들이 되어 본다면, 세상이 어떻게 보일지

궁금해지네요.

야마기와 침팬지의 단기 기억은 앞서 이야기했던 영장류 연구소의 아이 프로젝트에서 진행된 실험과 관련이 있어요. 모니터에 1부터 9까지의 숫자가 짧은 시간 동안 랜덤한 위치에 표시되는데, 숫자가 사라져도 침팬지는 그 위치를 정확히 손가락으로 가리킬 수 있어요. 그것도 1부터 9까지의 순서대로요. 이는 숫자를 이해할 뿐 아니라 위치를 정확히 기억할 수 있다는 걸 의미하죠.

스즈키 침팬지가 그런 능력을 가지고 있다는 건, 그들이 그 능력을 활용해서 인간이 할 수 없는 인지를 하거나 의사소통을 하고 있을지도 모른다는 뜻이겠죠. 박쥐가 입으로 초음파를 내어 주변 환경을 인식하는 것처럼요.

하지만 우리 인간은 그런 능력이 없기 때문에, 침팬지나 박쥐가 세상을 어떻게 보고 있는지는 알 수 없어요. '인간에게는 있고 동물에게는 없는 능력'을 생각하는 건 쉽지만, '동물에게는 있고 인간에게는 없는 능력'을 상상하는 건 매우 어렵죠.

야마기와 그 말씀에 전적으로 동의해요. 동물이 할 수 있지만 인간이 할 수 없는 것은 사실 정말 많습니다.

스즈키 야마기와 선생님도 고릴라를 관찰하면서, 인간인 선생님이 이해할 수 없는 방식으로 그들이 의사소통을 하고 있다고 느끼신 적이 있나요?

야마기와 물론이죠. 특히 강하게 느꼈던 건 모자 관계에 대해 관찰할 때입니다.

인간은 공동체가 함께 아이를 양육하는 환경으로 진화했습니다. 아기가 큰 소리로 울면 어머니뿐만 아니라 주변 어른들이 손을 내밀어 도와주죠. 이런 방식으로 인간 아기는 주변 사람들로부터 먹을 것을 받아가며 성장합니다. 그래서 인간이 혼자 힘으로 먹이를 구할 수 있게 되는 데까지 약 20년 가까운 시간이 걸립니다.

하지만 고릴라 아기는 전혀 울지 않습니다. 그리고 어머니에게 꼭 붙어 자랍니다. 인간처럼 공동체가 양육하지 않고 어머니 혼자서 양육을 책임집니다.

그런데 태어난 지 3년쯤 되어 젖을 떼고 나면, 스스로 먹이를 찾아 확보할 수 있습니다.

스즈키 어머니에게서 배운 거군요…….

야마기와 그렇습니다. 야생 환경에서 먹이를 구하는 건 정말 어려운 일이죠. 독이나 소화 억제 물질이 있어 먹을 수 없는 과일이나 잎도 많고, 개미처럼 잡는

데 기술이 필요한 곤충도 먹습니다.

고릴라 새끼는 이런 먹이를 얻는 기술을 어머니에게서 배우는 겁니다. 인간처럼 말을 하지는 못하지만, 오감(五感)을 총동원해서 배우죠.

이것은 인간에게는 없는 모자 간의 독특한 의사소통입니다. 그래서 태어나자마자 어머니로부터 떼어내 인공 양육을 하면, 절대 야생으로 돌아갈 수 없습니다. 어머니에게서 먹이를 얻는 방법을 배우지 못했기 때문입니다.

스즈키 박새도 비슷한 점이 있습니다. 둥지를 떠난 후에도 한 달 정도는 어미 새와 함께 지내면서 먹이를 잡는 방법을 배우죠.

야마기와 그런 건 언어화할 수 없는 암묵적 지식이라 할 수 있어요. 현대 사회에서 정보라고 하면, 암묵적 지식과는 반대로 객관적으로 관찰 가능하며 언어나 수식으로 표현할 수 있는 것만을 의미하죠.

하지만 동물은 다릅니다. 풍부한 암묵적 지식을 가지고 있고, 그것을 서로 주고받기도 합니다. 어미 고릴라가 새끼에게 먹이를 얻는 법을 가르치는 것처럼요.

스즈키 흥미로운 점은 인간도 동물과 그런 방식으로 의사소통을 할 수 있다는 겁니다. 저도 쿠짱의 울음소리나 표정을 보고 있으면, 말로 설명할 수 없지만 쿠짱의 감정을 이해할 수 있는 것 같은 기분이 듭니다. 분명 쿠짱도 마찬가지로 저를 관찰하고 이해하고 있을 겁니다.

야마기와 맞습니다. 언어나 정보로 표현할 수 없는 감정의 주고받음은 인간과 개 사이에서도 이루어지고 있죠.

사람과 대화하는 벌꿀길잡이새

스즈키 더 나아가, 사람과 적극적으로 의사소통을 나누는 새도 있습니다. 모잠비크에 서식하는 검은목벌꿀길잡이새*라는 새인데, 이들은 사람과 소통하면서 자신들의 먹이인 벌집을 구합니다.

야마기와 사람과요?

스즈키 네. 벌집은 꿀과 밀랍이 있어서 사람과 새 모두에게 훌륭한 영양원이죠. 물론 벌에 쏘일 위험도 있지만, 사람은 불을 피워 연기를 내 벌을 쫓아낼 수 있으니 꿀을 손에 넣을 수 있습니다.

반면, 벌꿀길잡이새는 불은 피울 수 없지만, 시력이 좋아 벌집을 발견하는 능력은 사람보다 뛰어나요. 이처럼 서로의 이익이 맞아떨어지기 때문에, 모잠비크 사람

* 중앙~남아프리카 열대 우림에 서식하는 약 20cm 길이의 새로, 사람과 협력하여 벌집을 사냥하는 것으로 유명합니다.

들은 벌꿀길잡이새와 협력해서 벌집을 얻습니다.

야마기와 하지만, 어떻게 소통하는 거죠?

스즈키 소리로요. 벌꿀길잡이새는 벌집을 발견하면 사람들에게 날아와서 "기기기기기" 하는 소리를 내며 벌집이 있는 곳까지 사람을 안내합니다. 그러면 사람은 불을 피워 벌집을 얻고, 그 잔여물을 벌꿀길잡이새에게 나눠 줍니다.

반대로, 사람이 벌꿀길잡이새를 놓치면 "부르르르르" 하는 독특한 소리를 내 벌꿀길잡이새를 불러요. 이렇게 사람과 새가 쌍방향으로 의사소통을 주고받는 겁니다.

야마기와 흥미롭네요. 그런데 현대 일본에서도 애완동물이나 가까운 동물들과 소통하고 싶어 하는 사람들이 적지 않을 것 같네요.

스즈키 그 비결은 동물들에게 인간의 세계관을 쉽게 대입하지 않는 것이라고 생각합니다. 감정 이입이나 공감도 중요하지만, 동시에 그들이 전혀 다른 세상을 살고 있다는 점을 잊지 않아야 한다고 봐요.

저는 반려견 쿠짱과 소통할 수 있지만, 같은 공간에 있다고 해도 사람인 저는 시각 중심의 세상을 살고 있고, 쿠짱은 후각 중심의 세상을 살고 있습니다. 동물들에게는 우리 인간과는 완전히 다른 세계가 보이고 있을 겁니다. 그래서 항상 그들의 세계를 상상하며 이해하려고 노력하는 것이 중요하다고 생각합니다.

야마기와 그 말은 맞네요. 하지만 개나 고릴라라면 몰라도, 박새의 세계를 이해하는 것은 쉽지 않을 것 같은데요. 무엇보다 우리는 날 수 없잖아요.

스즈키 꼭 그렇지만도 않아요. 1년의 대부분을 숲에서 보내는 생활을 하다 보면 박새의 마음을 이해할 수 있게 되거든요. 마치 야마기와 선생님이 고릴라의 마음을 이해하는 것처럼요.

야마기와 인간도 동물이니까 다른 동물들과 함께 살아갈 수 있죠. 저도 고릴라들로 가득한 숲에서 혼자 생활한 적이 있는데, 고릴라들은 제가 다른 종이라는 걸 알면서도 마치 사람이 고양이와 함께 사는 것처럼 저를 곁에 있게 해 주더군요.

스즈키 새들도 마찬가지예요. 그들은 사람을 개체별로 구분할 수 있어서, 제가 숲에 들어가면 "저 녀석은 좀 이상한 동물이긴 하지만, 해를 끼치지 않고 가끔 먹이도 주니까 나쁜 녀석은 아니군"이라고 생각하는지 경계하지 않더군요.

그래서 제가 박새 무리를 아주 가까이에서 관찰할

수 있는 거죠. 때로는 연구를 위해 박새를 잡기도 하는데, 그래도 저를 크게 경계하지 않아요. 체중만 따져도 저는 박새보다 4,000배나 무거운데, 그런 저를 경계하지 않는 건 참 흥미로운 일입니다.

야마기와 정말 대단하네요. 스즈키 씨가 박새를 놓아주는 모습을 본 덕분일까요?

스즈키 아마 그럴 겁니다. 박새 무리에 다람쥐가 합류하기도 하는데, 그래서 사람인 저와 다람쥐, 그리고 박새가 함께 살고 있는 셈이에요(웃음). 하지만 고릴라 무리에 들어가는 건 조금 어려울 것 같네요.

인간도 동물과 함께 살았다

야마기와 아니에요, 그렇지 않습니다. 고릴라는 인간보다 훨씬 크기 때문에 저희를 그다지 경계하지 않아요. 오히려, 인간보다 작은 원숭이 무리에 들어가는 것이 훨씬 더 어렵습니다.

스즈키 아, 그런가요?

야마기와 게다가 고릴라 곁에 있는 것은 인간에게도 안전한 일이에요. 고릴라가 사는 열대 우림은 시야가 제한적이라, 코끼리나 버팔로 같은 위험한 동물이 다가와도 인간은 알아채지 못할 가능성이 큽니다. 하지만 고릴라는 그런 위험을 민감하게 감지하기 때문에, 근처에 있는 우리도 곧바로 피할 수 있어요.

스즈키 그렇군요. 하지만 그건 야마기와 선생님이 고릴라를 잘 이해하기 때문 아닌가요? 고릴라가 위험을 감지한 것을 선생님이 알아차릴 수 있으니까요.

본래 인간은 그렇게 동물들과 함께 살아왔던 것 같습니다. 실제로 많은 동물들이 다른 동물을 관찰하고 이해하며 살아가고 있잖아요.

하지만 최근 들어 인간은 스스로 "인간 대 기타 동물"이라는 이분법을 만들어 버렸어요. 그 결과, 예를 들어 언어는 인간만의 것이라는 편견이 생기고, "인간은 어떤 동물인가"라는 질문은 잊힌 것 같아요.

야마기와 저도 그렇게 생각합니다. 인간과 동물을 분리해 버렸기 때문이죠. 하지만 이러한 현대 사회일수록, "인간이란 어떤 동물인가"를 생각해 볼 가치가 있다고 봅니다.

그리고 그 힌트는 우리가 사용하는 언어 속에 숨겨져 있다고 생각해요.

2장 동물들의 마음 요약

동물의 커뮤니케이션 수단은 언어만이 아니다. 춤과 노래도 중요한 소통 수단이다.

박새의 언어에는 여러 단어를 조합해 문장을 구성할 수 있는 문법이 있다.

다른 개체의 마음을 추측하거나, 거울에 비친 자신을 인식할 수 있는 동물도 있다.

"지금", "여기" 외의 개념을 말할 수 있는 능력은 인간 언어의 독특한 특성이다.

하지만 동물에게는 대량의 이미지를 기억하는 능력 등, 인간에게 없는 인지 능력도 있다. 동물들은 인간과는 다른 인지 세계에서 살아가고 있다.

3

인간이라는 동물의 언어

지표, 도상, 상징

스즈키 이번 주제는 "인간이란 무엇인가"를 언어를 통해 탐구하는 것입니다. 최근 제가 느끼는 것은, 인간 언어와 다른 동물들의 언어를 결정적으로 구분 짓는 차이는, 눈앞에 없는 것에 대해 얼마나 자세히 이야기할 수 있는가 하는 점인 것 같습니다.

야마기와 선생님께서 티투스와의 추억을 이야기해 주셨을 때도 언급된 바 있는데, 박새는 눈앞에 있는 천적이나 먹이에 대해 다양한 소리를 내며 정보를 전달합니다. 하지만 어제 있었던 일이나 내일의 계획에 대해 이야기하는 것을 들어본 적은 없습니다. 물론, 아직 밝혀지지 않은 부분일 수도 있겠지만요.

하지만 우리는 바로 그러한 주제들에 대해 빈번하게 대화를 나누고 있습니다.

야마기와 정말 그렇습니다. 저도 그 점이 가장 큰 차이라고 생각합니다. 보이지 않는 것을 머릿속에 그려

내고, 그것에 대해 이야기하기 시작한 순간부터 의사소통 방식이 급격히 복잡해졌다고 봅니다.

스즈키 눈앞에 없는 사물이나 사건에 대해 이야기할 수 있다는 것은, 언어와 그 지시 대상에 대한 지식을 공유하고 있다는 것을 의미하겠죠. 이러한 능력은 어떤 배경 속에서 진화해 온 걸까요?

야마기와 우리가 사용하는 기호는 '지표(Index) → 도상(Icon) → 상징(Symbol)*'의 단계를 거쳐 발달해 왔다는 논의가 있습니다. 지표는 흔적을 의미합니다. 예를 들어, 사냥감의 발자국이나 천적의 배설물 같은 흔적을 말합니다. 이런 기호는 유인원들조차도 어느 정도 이해할 수 있을 것이라 생각합니다. 하지만 앞서 이야기한 대칭성 추론처럼, 발자국이나 흔적을 보고

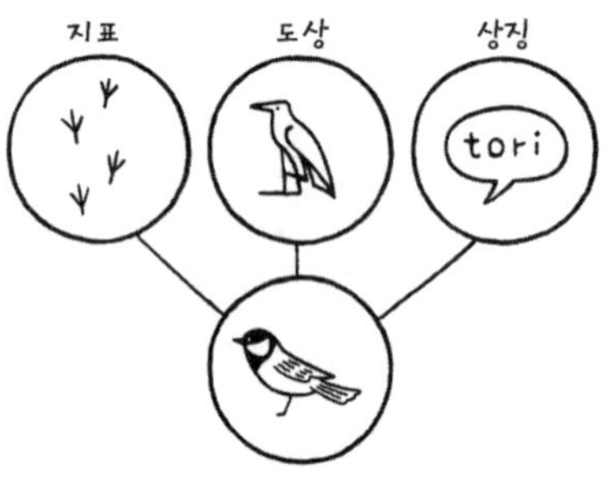

'새'를 나타낼 때 새 발자국처럼 물리적으로 대상과 연결된 지표, 대상을 도식화한 도상, 대상과 필연적인 연관성이 없는 상징 등의 방법이 사용될 수 있다.

---

* 미국 철학자 찰스 샌더스 퍼스(Charles Sanders Peirce, 1839-1914)의 용어로, 퍼스는 기호를 이 세 가지로 분류했다.

어떤 사실을 유추해 낼 수 있는 능력은 다소 부족한 것 같습니다.

스즈키 그런 거라면 새들도 보고된 사례가 있습니다. 땅에 흩어진 깃털을 보고 "여기에서 동료가 천적에게 습격당했구나"라고 추측할 수 있다고 합니다.

야마기와 그렇군요. 지표를 이해하는 능력은 유인원과 조류가 모두 가지고 있을지도 모르겠습니다. 다음 단계인 도상은 표현하려는 대상을 닮은 기호입니다. 초기 한자의 상형 문자나 간략화된 그림이 이에 해당하겠죠.

스즈키 인간 이외의 동물 간 의사소통에서도 아이콘이 관찰될 수 있을까요?

야마기와 도상은 아니지만, 특정 상대에게만 특정한 의도를 알리는 신호는 있을 것 같습니다.

침팬지의 흥미로운 사례가 있습니다. 침팬지는 일부일처제도, 일부다처제도 아닌 자유로운 번식 체계를 가진 사회에서 약한 수컷은 암컷의 관심을 끌기가 쉽지 않습니다.

그래서 약한 수컷은 강한 수컷과 약간 떨어진 곳에서 잎사귀를 찢는 소리를 내는 경우가 있습니다. 그러면 강한 수컷에게 둘러싸인 암컷이 그 소리를 듣고,

잎사귀를 찢은 수컷에게 관심을 가져 둘이 도망가 교미를 합니다.

스즈키 그 소리가 신호라는 거군요.

야마기와 다만, 그 소리의 의미는 강한 수컷에게는 전달되지 않습니다. 소리가 들통나면 방해받을 테니까요. 이 의미는 그 수컷과 암컷 사이에서만 성립됩니다.

스즈키 그렇군요. 인간의 도상과는 다르지만, 의미를 전달하고 공유한다는 점에서 도상에 가까운 것일지도 모르겠네요.

야마기와 중요한 점은, 도상은 지표와 달리 집단적으로 공유되어야 한다는 점입니다.

예를 들어 화장실 표지판에는 남성용인지 여성용인지를 나타내는 도상이 있는데, 이것을 모두가 이해하지 못하면 곤란해지겠죠.

스즈키 맞아요. 도상은 그것이 가리키는 대상과 관련이 있습니다. 지표는 간접적인 단서인 반면, 도상은 정보를 전달하려는 의도가 있다는 점에서도 다릅니다.

야마기와 그다음에 오는 상징은 전에 잠깐 언급했지만, 대상과의 관계가 완전히 자의적입니다.

예를 들어 비둘기가 평화의 상징으로 여겨지는데, 이는 인간이 임의로 정한 것이죠.

스즈키 상징은 어떤 의미를 전달하기 위해, 실제로는 관계없는 사물이나 사건을 억지로 연결한 것이죠.

비둘기의 경우도 사실 굉장히 공격적이고 싸움 본능이 강한 새인데, 어쩐지 '비둘기 = 평화'라는 이미지로 강제로 연관 지어졌습니다.

1964년 도쿄 올림픽에서는 외래종인 집비둘기 8천 마리를 평화의 상징으로 날려보냈는데, 지금 같았으면 큰 문제가 되었을 겁니다.

언어에서도 마찬가지로, 음성과 문자가 그것만으로는 의미를 가지지 않지만, 특정 의미와 자의적으로 연결되면서 기능을 갖추게 되죠.

이러한 자의성은 어떻게 진화해 온 걸까요?

손을 사용하는 인간

야마기와 그 점이 어렵습니다. 저는 음성만이 아니라, 신체 동작이 중요했다고 생각합니다. 인간 언어의 초기 형태는 음성을 동반했을 수도 있지만, 제스처로부터 시작되었을 가능성이 크다고 봅니다.

스즈키 즉, 언어의 초기 단계에서는 음성으로 의미를 전달했다기보다는, 몸짓과 손짓으로 메시지를 자의적으로 전달했다는 말씀이시군요?

야마기와 그렇죠. 새나 개는 입으로 먹이를 물죠. 하지만 영장류는 먼저 손으로 집습니다. 손으로 먹이를 쥐고 변형시키면서 먹는 경우가 많습니다. 인간의 뇌를 보아도 손을 제어하는 부분이 매우 넓은데, 이는 손을 사용하는 능력을 진화시켜 왔다는 것을 의미하죠.

그리고 그 손을 표현의 도구로 사용해 온 역사는 상

당히 길었을 것이라고 봅니다.

스즈키 실제로 인간과 가까운 친척인 침팬지나 보노보에서도 다양한 제스처가 발견되고 있습니다. 최근 연구에 따르면, 그 제스처 중 일부는 인간도 이해할 수 있는 것으로 나타났죠. 제스처의 기원이 음성 언어의 기원보다 오래되었을 가능성도 충분히 있을 것 같습니다.

야마기와 게다가, 영장류 중에서도 인간이 특별한 점은, 직립 이족 보행을 하기 때문에 손이 자유롭다는 것입니다. 고릴라를 포함한 원숭이와 유인원은, 최소한 이동 중에는 손으로 땅을 짚어야 해서 손을 사용할 수 없죠. 하지만 인간은 이동 중에도 손을 사용할 수 있습니다.

보노보는 포유류 영장목 사람과 침팬지속의 영장류. 아프리카 콩고민주공화국에만 서식하며, 침팬지와 비슷하지만 성격은 크게 다르다.

스즈키 맞습니다. 이동하면서 손을 자유롭게 사용할 수 있다는 점은 큰 이점이죠.

직립 이족 보행을 하게 되면서 걸으면서도 다양한

손동작을 할 수 있게 되었고, 그 손동작들을 여러 상황에 맞게 사용하면서 각각의 동작에 의미가 생겼습니다. 이렇게 해서 자의성을 가진 제스처가 탄생했겠죠. 음성 언어의 자의성도 이런 능력에서 발전한 것으로 보입니다.

야마기와 게다가 인간은 두 발로 걷는다는 이점을 가지고 있어서, 음식을 운반할 수 있습니다. 하지만 고릴라나 침팬지는 기본적으로 음식을 그 자리에서 먹죠.

그래서 숲을 떠나 이족 보행을 시작한 우리 조상들은 손에 들어온 음식을 안전한 장소까지 손으로 옮긴 뒤, 그곳에서 모두 함께 먹었습니다. 물론 음식을 구한 순간을 보지 못한 개체들도 있었겠죠.

스즈키 그렇게 되면, 음식을 손에 넣은 사실을 모르는 개체에게도 이를 전달할 필요가 생기겠군요. 그러니까…….

야마기와 그렇습니다. 바로 눈앞에 있지 않은 곳에서 일어난 일에 대해 소통할 필요가 생긴 거죠. 어디에서 얻은 먹잇감인지, 그것이 안전한 음식인지 등등 말이죠. 저는 조상들이 이런 정보를 음성이 아니라 제스처로 전달했을 것이라고 생각합니다. 자유롭게 움직일 수 있는 손이라는 도구를 사용하지 않을 이유가 없으니까요.

스즈키 애초에, 앞다리를 날개로 진화시킨 새들과 인간은 언어 진화의 경로가 다를 것 같네요.

언어를 말하기 위한 조건

야마기와 다만, 잊지 말아야 할 점은 "언어를 다룰 수 있는 능력"과 "언어를 말할 수 있는 것"은 별개의 문제라는 겁니다. 흔히 이를 혼동하기 쉽지만, 전자는 인지 능력의 문제이고 후자는 목구멍과 입의 구조의 문제입니다. 언어를 다룰 수 있는 인지 능력이 있어도, 후두가 낮아져 있거나 치열이 아치형이 되어 있지 않으면 제대로 발음할 수 없습니다.

스즈키 맞습니다. 개를 관찰하다 보면, 인간이 하는 말을 상당히 이해하는 것처럼 보이지만, 그것이 곧 개가 스스로 언어를 말할 수 있다는 뜻은 아니죠. 언어를 이해하더라도 발화하지 못하는 경우가 있습니다. 정확히 말하면, 언어를 발화할 수 없는 동물은 그 능력을 발전시키지 않은 것일 뿐이죠.

인간과 가까운 유인원들에게는 언어를 생성할 수

있는 힘, 즉 인지 능력이 많이 숨어 있을 것 같아요.

야마기와 미국의 영장류학자인 수 새비지 럼보(Sue Savage-Rumbaugh)*는 이 점에 주목해 보노보에 관한 연구를 진행했습니다. 그녀는 조이스틱이 달린 PC를 활용해, 영어 발음을 할 수 없는 보노보도 영어 문장을 이해할 수 있다는 것을 주장했어요. '칸지(Kanzi)'라는 이름의 보노보는 질문을 이해하고 영어로 대답하거나, 영어 문장을 만들어 내기도 했죠.

또한, 이렌느 페퍼버그(Irene Pepperberg)**가 진행한 회색앵무 '알렉스(Alex)'에 대한 실험도 유명합니다. 예를 들어, 색이 있는 도형들을 나열한 뒤 "초록색 하트 모양을 골라 봐"라고 하면, 알렉스는 정확히 선택할 수 있었습니다.

스즈키 대단하죠. 훈련을 통해 알렉스는 빨강, 파랑 같은 색상이나 원형, 사각형 같은 형태를 개념과 연관 지어 기억할 수 있었다고 하더군요.

회색앵무는 앵무새와 같은 과이기 때문에 인간의 발음을 흉내 내어 소리로 재현할 수 있습니다. 심지어

---

* 1946년생. 컴퓨터를 이용한 보노보의 인지 능력 연구로 세계적으로 주목받았다.

** 1949년생. 앵무새의 인지 능력 연구로 유명하며, 회색앵무 알렉스와의 경험을 기록한 저서 『천재 앵무새 알렉스와 나』(꾸리에, 2009년 출간)가 잘 알려져 있다.

영어 단어를 배우고 질문에 답하기까지 했죠.

야마기와 알렉스가 특히 놀라운 점은, "특정 색상이며 특정한 모양"이라는 식의 복잡한 문장을 이해할 수 있었다는 점이에요. 기준에 따라 다르지만, 인간의 다섯 살 아이와 비슷한 수준의 지능을 가졌다는 이야기도 있습니다.

보노보인 칸지 역시, "바나나를 냉장고에 넣어라" 같은 문장, 즉 두 개의 목적어를 포함한 문장을 이해했다고 합니다. 따라서 중요한 것은 음성으로 발화하는 능력보다는 뇌의 인지 능력, 개념을 조작할 수 있는 능력이라고 할 수 있습니다.

스즈키 맞아요. 출력을 할 수 있는가와 머릿속으로 사고할 수 있는가는 별개의 문제죠.

또 하나 유명한 연구가 있습니다. 콜롬비아 대학의 하버트 테라스 박사 연구팀이 침팬지 님(Nim)에게 수화를 가르친 실험입니다. 님도 "님, 허그" 또는 "님, 허그, 캣" 같은 2~3개의 단어를 수화로 표현할 수 있었다고 합니다.

다만, 단어의 배열은 뒤죽박죽이었고, 인간처럼 문법 규칙을 사용하여 의미를 연결시키는 것은 불가능했다고 하네요.

이와 같은 동물에게 인간 언어를 학습시키는 실험은 인간이 할 수 있는 것을 동물들이 얼마나 따라할 수 있는지에 중점을 둔 것입니다. 반면 "동물이 할 수 있고 인간이 할 수 없는 것"을 탐구하는 연구는 상대적으로 부족합니다.

조금 인간 중심주의적 연구 디자인처럼 보이기도 하지만, 그럼에도 불구하고 동물 인지 능력의 잠재력을 이해하는 데 큰 기여를 해 왔죠.

동물도 숫자를 이해할까?

스즈키 조금 이야기가 벗어나긴 하지만, 개념에 대해 말하자면 동물도 수를 이해할 수 있다는 연구가 있다고 합니다. 뉴질랜드 야생 조류인 로빈*을 대상으로 한 연구에서, 숫자를 4까지는 이해할 수 있다는 결과가 나왔습니다.

먹이를 이용해, 새가 하나의 먹이와 두 개의 먹이를 구별할 수 있는지, 더하기 능력이 있는지 확인하는 실험입니다.

야마기와 더하기 능력은 어떻게 확인했나요?

스즈키 특별한 장치가 있는 트레이를 사용합니다. 먼저, 로빈이 볼 수 있도록 먹이를 하나씩 트레이에 추가합니다. 예를 들어, '1 + 1 = 2'가 되도록 두 개의

---

* 뉴질랜드에 서식하는 참새목의 작은 새로, 전체 몸길이는 약 18cm.

먹이를 놓는 식입니다. 그 다음, 트레이를 차양으로 덮습니다. 차양 안에는 장치가 있어서, 실험자가 로빈이 볼 수 없는 곳에서 먹이의 수를 늘리거나 줄일 수 있게 되어 있습니다.

예를 들어, 트레이에 두 개의 먹이를 넣었지만 실험자가 차양 아래에서 몰래 하나를 줄이면, 차양을 제거하고 다시 트레이를 보여 주었을 때, 먹이는 하나만 들어 있는 상태가 됩니다. 즉, '1 + 1 = 1'이 되는 것입니다.

특수한 실험 장치를 사용해 '1+1=1'이 되는 상황을 보여 주면, 뉴질랜드 로빈은 평소보다 먹이를 오래 응시했다. 이 연구는 생물심리학자인 알렉시스 갈랜드와 분자생물학자인 제이슨 로에 의해 이루어졌다.

이런 방식으로, 더하기의 개념을 가진다면 이상하게 느낄 상황을 만들어서 로빈이 놀라거나 의아해하는 시간을 측정하는 실험입니다.

놀람의 정도는 아기들을 대상으로 하는 실험에서처럼, 주의를 기울이는 시간을 통해 측정합니다. 어른들도 그렇지만, 동물들도 놀란 대상을 주시하기 때문이에요.

야마기와 히말라야 원숭이를 대상으로 한 실험에서는 약 6개까지 수를 셀 수 있다는 결론이 나왔습니다.

스즈키 동물의 의사소통에서도 숫자 인식이 관여할 가능성이 있을지 모르겠네요. 까마귀의 울음소리는 박새처럼 복잡하지는 않지만, 반복 횟수가 많은 것이 특징입니다. 예를 들어, 별로 위협적이지 않은 포식자에게는 "까악, 까악!" 정도로 울고, 매우 무서운 포식자에게는 "까악, 까악, 까악, 까악!"처럼 더 많이 우는 방식으로 표현합니다.

비슷한 현상이 쇠박새라는 소형 조류에서도 보고되었습니다. 마치 모스 부호처럼, 목소리의 다양성이 적은 새들은 반복 횟수 자체가 정보로 작용할지도 모릅니다.

야마기와 그렇군요. 하지만 그들이 인식하는 숫자와 우리가 생각하는 숫자가 동일하다는 증거는 없겠죠. 인간은 수학처럼 추상적인 숫자를 다루지만, 동물에게는 숫자의 개념이 인간과 다르게 느껴질 수 있을 겁니다.

스즈키 숫자의 추상화 말씀이군요. 확실히 인간은 너무나도 자연스럽게 추상화를 합니다. 새가 3마리 있든, 차가 3대 있든, 동일하게 '3'이라는 숫자로 표현하죠. 하지만 동물의 경우, 무리의 숫자는 셀 수 있어도 먹이의 숫자는 셀 수 없는 식으로 차이가 있을 수 있을 것 같네요.

그런데 앞서 이야기한 회색앵무 알렉스는 숫자의 추상화도 가능했습니다.

예를 들어, 빨간 블록, 초록 블록, 파란 블록이 각각 2개, 3개, 4개 있을 때, "파란 블록은 몇 개야?"라고 물으면 정확히 "4개"라고 답할 수 있었습니다. 색을 인식함과 동시에 숫자도 인식할 수 있었던 겁니다.

야마기와 저는 일본원숭이를 관찰하며 흥미로운 경험을 한 적이 있습니다. 무리가 클수록 세력이 강한 경향이 있는데, 여기서 무리의 크기를 판단하는 기준이 개체 수인지, 수컷의 수인지, 아니면 성체 수컷의 수인지는 알 수 없었습니다. 이 상황에서는 무엇이 일본원숭이에게 '숫자'를 의미했을까요?

사람도 마찬가지입니다. 고릴라를 관찰하러 아프리카의 한 마을에 갔을 때 "이 마을에는 몇 명이 살고 있습니까?"라고 물어보니, 성인 남성의 수만 답하더군요. 여성과 아이들은 "몇 명"에 포함되지 않았던 겁니다.

스즈키 우리의 인식 방식이 유일한 것은 아니라는 거죠. 인간의 경우에도 문화에 따라 숫자를 세는 방식이 다를 수 있을 겁니다. 예를 들어, 영어에서 가산 명사와 불가산 명사의 개념은 중학교 때 배우기 전까지 전혀 의식하지 못했죠.

동물들의
문화

스즈키 문화라고 하면 동물들에게도 문화가 있습니다. 잘 알려진 예로는, 미야자키현 구시마시의 고지마에 사는 원숭이에겐 바닷물에 감자를 씻어 먹는 행동이 있습니다. 그런데 새들에게도 문화가 있습니다.

예를 들어, 영국의 박새들은 가정으로 배달된 우유병의 뚜껑을 열어, 우유 위에 굳은 지방을 먹는 문화가 있었습니다. 영국의 우유는 균질화(Homogenization)가 이루어지지 않아 지방이 굳어 위에 뜨거든요.

야마기와 그 행동이 문화로 퍼졌다는 이야기군요.

스즈키 맞습니다. 어떤 박새가 처음 시작한 행동이 25년 만에 영국 전역으로 퍼졌다고 합니다.

이 현상에서 중요한 점은 단순한 모방이 아니라, 세대를 넘어 전승되었다는 것입니다. 단순히 모방하는 것만으로는 '사회적 학습'으로 불리지만, 세대 간에 이어졌다면 이는 '문화(Culture)'라고 부를 수 있죠. 다만, 이후 인간들이 우유병 뚜껑을 더 열기 어렵게 개선하면서 이 문화는 사라지고 말았습니다.

야마기와 문화는 인간만의 것이 아니군요.

스즈키 과거에는 동물들의 문화는 하나의 행동을 또 다른 데에 적용한 것, 예를 들어 단순히 나무 껍질을 벗기는 행동을 우유병 뚜껑을 여는 데 적용한 것뿐이라 문화라고 부를 수 없다고 봤습니다. 전혀 새로운 행동을 발명하는 인간의 문화만이 특별하다는 의견이 강했기 때문이죠.

하지만 오늘날의 동물 연구자들은 일반적으로 문화라는 단어를 사용합니다.

흥미로운 예로, 호주에 서식하는 큰유황앵무라는 새가 있어요. 2010년대에 이들 사이에서 쓰레기통을 열어 그 안의 음식을 뒤지는 문화가 발생했죠.

이것도 극소수의 큰유황앵무가 시작한 행동이지만, 순식간에 퍼지는 모습이 관찰되었습니다.

더욱 흥미로운 점은, 쓰레기통 여는 방식이 지역마다 다르다는 겁니다. 마치 인간처럼 동물들에게도 문화 차이가 있다는 것을 보여 주죠.

야마기와 재미있네요.

스즈키 문화는 언어와 밀접한 관계가 있다고 생각합니다. 언어는 도구 같은 것이고, 예를 들어 사과를 "사과"라고 부르는 문화도 처음에 누군가 시작한 것이 다른 개체들에게 퍼져 나간 것이잖아요. 그리고 방언 같은 문화 차이도 존재합니다. 언어의 진화는 문화의 진화와 매우 유사한 점이 많다고 생각합니다.

다산화와
언어의 진화

스즈키 말씀하신 내용에서 언어의 진화로 이야기를 다시 돌려 보죠. 제스처에 대한 이야기는 아까 나누었는데, 음성 언어는 어떻게 탄생했다고 생각하시나요?

야마기와 제가 관심을 갖고 있는 것은 부모가 아기에게 말을 걸 때 사용하는 '아동 지향어'입니다. 이 방식이 음성 언어의 기원 중 하나가 아닐까 생각하고 있습니다.

스즈키 "아르르르 까꿍" 같은 느낌으로 부모가 유아에게 말을 거는 방식이죠?

야마기와 네, 아직 언어를 이해하지 못하는 아기를 대상으로 하는 아동 지향어는 음높이나 톤이 중요한, 일종의 음악적인 언어입니다. 게다가, 어느 문화권에서도 비슷한 경향이 관찰됩니다. 즉, 인류에게 보편적인 요소라는 거죠.

스즈키 그렇다면 우리 조상들에게 어떤 시점에서 아동 지향어가 필요해진 조건이 있었을 것 같네요.

야마기와 그렇습니다. 그래서 제가 주목하는 것이 다산화입니다. 고릴라, 오랑우탄, 침팬지 같은 인간이 아닌 유인원의 아기들은 3년에서 7년 동안 모유를 먹기 때문에 어미는 아기에게 계속 붙어 있어야 하고, 그 기간 동안 임신이 불가능합니다.

하지만 인간의 아기들은 2년이 채 되지 않아 젖을 떼기 때문에 어머니는 더 많은 아이를 낳을 수 있습니다. 해마다 아이를 낳는다는 것은 영장류로서는 예외적인 능력이고, 근대에 이르러서는 10명 가까운 자녀를 둔 어머니도 존재하죠.

스즈키 다산의 능력을 얻은 것도, 직립 이족 보행을 획득하고 숲에서 나온 덕분일까요?

야마기와 맞습니다. 안전한 숲과 달리, 인류가 진출한 사바나는 사자나 검치호랑이 같은 대형 육식동물이 많았고, 숲처럼 몸을 숨길 수 있는 장소가 적어 위험한 환경이었습니다. 그 환경에 대처하기 위한 방법 중 하나가 아이를 많이 낳는 것이었죠.

지금도 초원에 사는 원숭이들이 숲에 사는 원숭이들보다 새끼의 수가 더 많은 경향이 있다는 것이 밝혀졌습니다. 그래서 인간 어머니는 많은 아기들을 돌볼 필요가 있었습니다.

스즈키 그렇군요. 아기의 사망률이 높았기 때문에 무조건 많이 낳아야 했군요. 그러다 보니 손이 많이 가는 아기들을 한꺼번에 여러 명 키워야 하는 필요성이 생긴 거네요.

야마기와 그렇습니다. 이를 위해 인간이 고안해 낸 방식이 집단 양육 방식입니다. 다른 영장류처럼 어머니 혼자서 키우는 것이 아니라는 점이죠.

스즈키 그렇군요. 그리고 여러 아기들을 동시에 키우는 과정에서 음성 언어가 진화했다고 생각하시는 거군요.

인간의 언어도 육아에서 시작되었을까?

야마기와 그렇습니다. 음성에는 다른 의사소통 수단보다 효율적인 측면이 있습니다. 원숭이들의 의사소통 방식 중 하나인 그루밍(털 손질)은 1대1 또는 줄을 서서 하더라도 기껏해야 3~4마리 정도가 서로 그루밍할 수 있는 것이 한계입니다.

하지만 음성은 동시에 10마리 이상에게 정보를 전달할 수 있고, 떨어져 있어도 가능합니다.

접촉을 대신할 효율적인 의사소통 수단이 음성이었다고 생각합니다. 그리고 이는 지금도 아동 지향어에 흔적으로 남아 있는 것 아닐까요?

스즈키 정말 그렇군요. 숲에서 진출한 우리의 조상들이 다산화가 진행되면서, 동시에 여러 아기들에게 음성으로 말을 걸게 되었다는 말씀이군요.

그것이 현대의 아동 지향어에서 보이는 음악적인 음조와 톤으로 이어졌다는 이야기네요. 그럴 가능성이 충분히 있다고 생각합니다.

야마기와 어머니가 아기를 안심시키는 자장가 같은 음성도 넓은 의미에서 아동 지향어라고 할 수 있겠죠. 그것이 아이를 키우는 데 협력하기 시작한 다른 어른들 사이에서도 퍼져 나갔을 가능성이 있습니다.

스즈키 어른에서 어른으로 확산되었다는 뜻인가요?

야마기와 그렇습니다. 인간은 다산하며, 비교적 양육기간이 긴 종입니다. 따라서 아이를 가진 부모는 아이와 함께 살아야만 했습니다.

그런 환경에서, 어머니와 아이 사이에서 이루어지던 음악적인 대화가 다른 어른들에게도 퍼져 나갔을 것입니다. 그리고 그러한 대화는 어른들 사이에서도 마치 부모와 자식 간의 관계에서처럼 공감과 일체감을 만들어 냈습니다. 감정을 공유하고 집단으로서 하나가 되는 것은 진화에 있어서도 중요한 일이기 때문입니다.

스즈키 과연. 본래 자장가와 같은 역할을 했던 아동 지향어가, 다산화된 우리의 조상들 사이에서 어른 간의 공감을 형성하고 단결을 이루기 위한 기능을 갖게 되었군요.

음성을 듣는 대상은 부모와 아이처럼 1대1의 관계에 한정되지 않고, 여러 명이어도 상관없으니 그런 진화적 시나리오도 충분히 가능성이 있어 보입니다.

공감하고 일체감을 형성하는 방법은 음성 외에 다른 수단은 없었을까요?

야마기와 저는 춤도 비슷한 역할을 했을 것이라고 생각합니다. 두 발로 걷기 시작하면서 상반신과 하반신을 각각 따로 움직일 수 있게 되었고, 팔도 자유로워지면서 춤을 출 수 있는 몸을 얻게 되었으니까요.

스즈키 이족 보행의 진화가 손으로 하는 제스처뿐만 아니라 춤도 가능하게 했다는 뜻이군요.

야마기와 여러 사람이 몸동작을 동조시키는, 즉 춤을 추는 행위는 노래와 유사한 효과를 가지고 있습니다.

그래서 춤과 음악적인 음성은 좁은 의미의 언어가 탄생하기 전부터 존재했던 의사소통 수단이었을 가능성이 큽니다.

스즈키 정말 그렇습니다. 춤과 음악은 공감 능력을 높이는 데 효과적이죠. 실제로 지금도 국제 학회의 친목회에서는 춤 파티가 자주 열리고, 이를 통해 일체감이 형성되곤 합니다.

문화와 언어가 달라도 춤과 음악으로 공감하고 하

나가 되는 것은 전 세계적으로 공통된 현상입니다.

야마기와 지금도 음악과 춤은 국가와 지역을 초월한 보편성을 가지고 있습니다. 언어가 통하지 않는 외국인과도 노래와 춤을 통해 감정을 공유할 수 있죠.

이는 언어가 형성되고 분화하기 이전에 음악과 춤이 의사소통 수단으로 존재했을 가능성을 시사한다고 생각합니다.

스즈키 그렇군요. 그런데 새들 중에서도 여러 개체가 듀엣을 하거나, 구애할 때 울음소리와 춤을 결합하는 종이 많습니다. 몸의 움직임을 동기화하여 공감 능력을 높이는 습관은 사회성을 획득한 동물들에게 널리 나타나는 특징일지도 모릅니다.

야마기와 공감 능력은 인류가 지구 곳곳으로 퍼져 나가는 데 필수적인 요소였을 겁니다.

아프리카에서 발생한 인류가 유라시아 대륙으로 확산되기 위해서는 아프리카 대륙 북동부를 지나야만 했습니다.

그 지역은 사자 같은 육식 동물이 득실거리고, 몸을 숨길 수 있는 숲도 없는 아주 위험한 지역이죠.

인류가 그곳을 지나가기 위해서는 집단의 힘이 필요했습니다. 그래서 집단의 크기가 점점 커지면서, 이 집단을 결속시키는 공감 능력이 음악적 언어나 춤을 매개로 발전했을 가능성이 있다고 봅니다.

음악과 춤의
동시 진화

야마기와 다시 강조하자면, 춤의 발생은 음성의 발생과 함께 이루어진 것입니다. 두 가지 모두 직립 이족보행이 전제 조건이죠.

네 발로 걷는 동물은 앞다리에 체중이 실리면서 가슴이 눌려, 큰 소리를 내기 어렵습니다. 원숭이도 큰 소리를 낼 때는 나무 위에 앉거나 땅에서 서서 가슴을 편 상태로 소리를 냅니다.

스즈키 직립하면 상체가 자유로워지고, 인류는 춤출 수 있게 되었습니다. 그러면서 노래를 부르기에도 적합한 자세가 된 거군요. 이러한 진화는 서로 연관이 있다는 말씀이네요.

야마기와 맞습니다. 애초에 음악은 반드시 춤을 동반합니다. 제가 있었던 아프리카에서도 그랬어요.

하지만 음악은 유물로 남지 않기 때문에 가볍게 여

겨지는 경향이 있습니다. 음악에서 가장 중요한 것은 리듬인데, 나뭇가지로 돌을 두드리거나 손뼉을 치는 것도 음악이지만 유물로는 확인할 수 없죠.

저는 인간이 두 발로 서서 걷게 된 것은 춤추기 위해 시작한 것일 수 있다고 생각합니다. 춤이 직립 이족 보행의 결과가 아니라 원인이었을 수도 있다는 거죠.

스즈키 그만큼 춤이 인류에게 중요했다는 뜻인가요?

야마기와 그렇습니다. 생각해 보세요. 인간 외의 다른 유인원들은 여전히 숲에서 벗어나지 못하고 있습니다. 포식자가 나타나면 나무 위로 도망쳐야 하니까요.

하지만 인간이 진화한 사바나에는 숲이 없어서 포식자에게 맞서야 했습니다. 때로는 집단을 위해 자신을 희생하는 행동도 필요했을 겁니다.

그래서 타인에게 공감하는 능력이 필요했고, 그 능력을 촉진하기 위해 춤과 음악이 진화했다고 봅니다.

'공감'이라는 단어는 흔히 사용되어 진부하게 들릴 수도 있지만, 우리 인류에게는 아주 중요한 요소였다는 겁니다.

스즈키 그렇군요. 그러고 보니 새들의 경우, 도시에 나타나는 새들은 무리를 이루는 종류가 많은 것 같습니다. 그리고 서로 자주 울음소리를 주고받더라고요.

야마기와 저는 아프리카에서, 과거 피그미*라 불리던 음부티(Mbuti)족의 춤을 본 적이 있는데, 그 춤이야말로 인류 춤의 원형이라고 생각합니다.

그들은 먼저 폴리포니(polyphony)라는 소리를 냅니다. 폴리포니란 각자가 서로 다른 소리를 내어 하나의 큰 음의 흐름을 만드는 것입니다. 그러니까 노래라기보다는 음악에 가까운 형태죠.

그렇게 폴리포니를 연주하면서 원형으로 춤을 춥니다. 원형이기 때문에 시작점이나 끝점이 없고, 모두가 평등합니다. 이렇게 몸을 동조시키고, 공감하며 함께 했던 것이 바로 인류였던 것 같아요.

스즈키 거의 연구되지 않았지만, 사실 새들 사이에서도 비슷한 현상이 있을지도 모릅니다.

저녁 무렵, 역 앞 전선이나 공원의 나무 위에 참새나 찌르레기가 모여들어 무리 지어 계속 울잖아요. "모여라"라는 신호일 수도 있겠지만, 이미 다들 둥지에 모여 있는 상황이라 굳이 울 필요는 없을 텐데요. 오히려 그렇게 큰 소리로 울면 육식동물 같은 천적을 불러들일 위험마저 있습니다.

---

* 중앙아프리카 열대 우림에 사는 체구가 매우 작은 사람들을 지칭하는 총칭. 특정 민족을 가리키는 것은 아님.

그래서 그 행동은 미스터리로 남아 있습니다. 먹이 장소나 천적에 관한 정보를 교환한다는 "정보 센터 가설*"이 있긴 하지만, 그래도 저렇게 울 필요는 없다고 생각해요.

그런데 방금 야마기와 선생님 말씀을 듣고 생각이 바뀌었어요. 어쩌면 그들은 노래를 부르고 있는 건 아닐까요? 동조하고, 공감을 높이며 하나가 되려는 행동일지도 모릅니다. 위험한 밤에 육식동물 같은 천적이 다가오면, 무리 전체가 함께 대처해야 하니까요. 그런 상황에서 하나가 되는 건 중요한 일이라고 생각합니다.

야마기와 확실히, 흥분이나 기쁨을 공유하고 있는 것일지도 모르겠네요.

인간뿐만 아니라, 집단이 흥분을 공유하기 때문에 가능한 행동이 있죠. 적의 무리를 물리친다든가 하는 일들요. 강렬한 감정의 공유 없이는 그런 행동은 불가능합니다.

하지만 흥분만으로는 집단 행동을 이루기는 어렵습니다. 그래서 필요한 것이 바로 '언어'가 아닐까요? 예

* 새들이 먹이나 기타 정보를 교환하기 위해 집단 거주 형태로 진화한 것이라는 가설.

를 들어, "저쪽을 공격하라"는 식으로 구체적인 목표를 부여하는 거죠.

즉, 언어는 감정의 에너지를 제어하고 방향성을 부여하는 역할을 한다고 생각해요.

스즈키 그렇군요. 어쩌면 언어의 의미란 그런 과정에서 생겨난 것일지도 모르겠어요.

야마기와 반대로, 감정이 동반되지 않은 언어가 힘을 발휘하지 못하는 것도 같은 이유라고 생각합니다. 아무리 언어로 명확한 지시를 내려도, 집단을 움직이는 공감이나 감정 에너지가 없으면 실현되지 않으니까요. 그 에너지를 만들어 내기 위해 음악적 언어가 필요하고, 그것은 어쩌면 모자(母子) 간 대화에서 비롯된 것일 수도 있겠네요.

스즈키 맞아요. 언어에서 감정을 읽어 내는 것도, 어쩌면 음악을 들었을 때 밝게 느끼거나 어둡게 느끼는 감각과 비슷할지도 모르겠네요.

하이쿠와
음악적인 언어

스즈키 저는 언어가 임의성이 있다고 해도, 완전히 무작위로 소리에 의미가 부여되는 것은 아니라고 생각합니다.

제가 연구하고 있는 박새는 영어로 "팃(Tit)"이라고 불리는데, 이 단어의 본래 의미는 "작다"는 뜻이에요. 그리고 일본어에서도 작은 것을 "칫쟈이"라고 하잖아요. 소리가 비슷하지 않나요?

야마기와 언어학에서 말하는 음성상징*이라는 개념이군요. 방금 예를 들었던 경우, "이(i)"라는 모음은 문화 차이를 넘어 작은 것을 가리킬 때 사용되는 경향이 있는 것 같습니다.

* 특정 언어에서 특정 소리가 특정 의미와 결합되는 경향. 예를 들어, 모음 "아(a)"는 "이(i)"에 비해 큰 이미지를 연상시키는 경향이 있다. 크고 작은 책상을 함께 두고 "어느 쪽이 '마루(maru)'고, 어느 쪽이 '미루(miru)'일까요?"라고 물어보면, 많은 사람들이 "큰 책상 = 마루"라고 대답한다는 연구 결과도 있다.

스즈키 "이(i)"는 모음 중에서 발음 시 구강 내부 면적이 가장 작기 때문에 "작다"라는 의미를 담는다는 식으로, 소리와 의미의 관련성을 조사하는 연구도 있는 것 같아요.

야마기와 예술가들은 그런 점을 잘 알고 있었을지도 모르겠어요. 미국 출신의 일본 문학 비평가 도널드 킨* 씨가, 하이쿠 시인 마쓰오 바쇼에 관해 재미있는 얘기를 했거든요.

바쇼의 유명한 하이쿠 중 "고요함이여, 바위에 스며드는 매미의 소리(閑さや 岩にしみ入る 蟬の声)"가 있죠.

킨 씨에 따르면, 이 하이쿠의 대단함은 로마자로 표기했을 때 더욱 잘 드러난다고 합니다.

"閑さ(shizukasa, 고요함)", "岩(iwa, 바위)", "しみ入る(shimiiru, 스며들다)"에 "이(i)" 소리가 많이 들어 있어서, 하이쿠를 읊으면 매미 울음 소리를 연상시킨다는 거예요.

스즈키 하긴요, 매미 울음소리도 "이(i)" 소리라고 생각할 수 있겠군요.

야마기와 킨 씨는 바쇼의 또 다른 하이쿠인 "여름 풀들이여, 병사들의 꾼 꿈의 흔적이여(夏草や兵どもが夢の跡,

---

* 1922–2019년. 미국 출신의 일본 문학 연구자. 영어권에 일본 문학을 소개하는 데 힘썼다.

natsukusaya tsuwamonodomoga yumenoato)"에 대해서도 언급했습니다. 이 하이쿠에는 감탄이나 탄식을 담은 "오(o)" 소리가 많이 들어 있지요. 사람들이 놀라거나 감격했을 때 "오오" 하고 소리 내는 것은 문화권을 초월한 경향이고, 감정을 표현하는 흔한 방식입니다.

뛰어난 시인인 바쇼는 언어를 통해 본질적인 감정을 표현한 게 아닐까요?

스즈키 정말 그렇네요. 야마기와 선생님 말씀처럼, 엄마가 아기에게 말을 걸 때의 음성과 감정에서 비롯된 소리가 오늘날의 모음이나 자음의 울림으로 남아 있을지도 모르겠네요.

육아 부담에서 발생한 분배 행동

야마기와 앞서 말씀드린, 모자 간의 대화가 어른들 간의 커뮤니케이션으로 확장되었다는 가설과 관련된 주제로 분배 행동이 있습니다.

스즈키 음식 공유(Food Sharing) 말씀이시군요.

야마기와 유인원 대부분은 음식 분배 행동을 보입니다. 일본원숭이나 개코원숭이는 전혀 분배하지 않지만, 타마린*이나 마모셋** 같은 남미의 소형 원숭이는 꽤 분배를 합니다.

즉, 모든 영장류가 분배를 하는 것은 아니며, 종마다 차이가 있는데, 잘 관찰해 보면 두 가지 경향을 발

* 파나마, 콜롬비아 북서부, 아마존강 유역 대부분에 서식하는 다람쥐 크기의 원숭이. 수명은 10년에서 16년.

** 남미에 서식하는 소형 영장류.

견할 수 있습니다.

야마기와 첫 번째 경향은, 성체 간에 음식 분배가 이루어지는 종에서는 성체 → 새끼로의 분배도 발생하지만, 성체 → 새끼로의 분배가 있는 종에서 반드시 성체 간 분배가 관찰되지는 않는다는 점입니다.

스즈키 즉, 성체 → 새끼로의 분배가 이루어지는 종 중에서도 성체 간 분배를 하는 종과 하지 않는 종이 있다는 말씀이군요.

야마기와 그렇습니다. 이 점이 의미하는 바는, 분배 행동이 처음에는 성체에서 새끼로 향하는 방식으로 발생했고, 이후 성체들 간으로 확산되었을 가능성이 있다는 것입니다.

스즈키 그렇군요. 아동 지향어도 성체에서 새끼로 먼저 시작되어 성체 간 대화로 확장되고, 춤과 음악으로 이어졌다고 말씀하셨죠. 음식 공유도 아동 지향어도 진화의 순서가 비슷하다는 말씀이네요.

야마기와 음식 공유에서 나타나는 또 다른 경향은, 육아 부담이 큰 종일수록 분배 행동이 잘 나타난다는 점입니다.

아까 말한 타마린이나 마모셋은 다산 종으로, 쌍둥이나 세쌍둥이가 일반적입니다. 그래서 어머니 혼자 새끼를 키우기가 어렵기 때문에, 나이가 많은 새끼들이나 수컷들도 육아를 분담하죠. 새끼를 등에 업고 다니면서요.

하지만 그들은 젖을 먹일 수 없기 때문에, 자신이 먹을 음식을 새끼들에게 나눠 줄 수밖에 없습니다. 결국, 그 행동이 성체들 간에도 확산되었을 가능성이 큽니다.

한때는 음식 분배 행동이 큰 뇌를 가진 지능이 높은 종에게서만 나타나는 행동이라고 생각되었지만, 그렇지 않다는 것이 밝혀졌습니다. 왜냐하면 작은 타마린이나 마모셋도 그런 행동을 보이니까요.

스즈키 그렇군요. 새끼의 수나 육아 부담이 다르면, 단순히 음성 커뮤니케이션뿐 아니라 음식을 나누는 행동까지 영향을 받고 변화할 수 있군요. 공감 능력이나 협력 행동의 진화와도 관련이 깊어 보입니다.

의미의 발생

스즈키 그런데, 성체에서 새끼, 혹은 성체 간 음성이나 춤을 통한 공감이 진화했다 하더라도, 모두가 공유할 수 있는 추상적인 '의미'가 더해지는 것은 조금 더 이후의 일이겠죠?

야마기와 그렇겠지요.

스즈키 제가 생각하기에, 울음소리의 의미가 생겨난 기원 중 하나는 사회적 관계에 있다고 봅니다. 왜냐하면, 새들의 "위험하다"거나 "모여라"라는 울음소리는 무리 전체의 움직임을 통제하기 위한 소리이기 때문입니다. 아마 인간도 비슷했을 가능성이 있지 않을까요.

복잡한 사회에서는 협력이나 속임수, 줄다리기 같은 다양한 상호작용이 발생합니다. 이런 사회 속에서 잘 적응해 나가기 위해 언어가 진화했을 가능성도 있다고 봅니다.

야마기와 그럴 가능성도 있겠지요. 영국의 진화생물학자 로빈 던바*는, 인간의 뇌가 커지기 시작한 약 200만 년 전부터 인간 집단의 크기 또한 커지기 시작했다고 지적했습니다. 사회가 복잡해짐에 따라 뇌도 커질 수밖에 없었다는 이른바 '사회적 뇌 가설'입니다.

야마기와 사회라고 하면 무리를 떠올릴 수도 있겠지만, 구애나 육아와 같은 맥락 또한 중요하지 않을까요.

스즈키 정말 그러네요. 박새의 경우도 무리 사회뿐만 아니라, 한 쌍 사이나 부모와 자식 간에도 다양한 울음소리를 구분해서 사용하는 것을 보면, 거기에도 의미가 생긴 것 같아요.

그리고 환경의 복잡성도 중요한 요소인 것 같아요. 야생 조류의 경우, 정말로 다양한 천적에게 습격당할 위험이 있죠. 하지만 어떻게 몸을 지켜야 하는지는 천적의 종류에 따라 달라질 거예요. 예를 들어, 뱀에 대해서는 먼저 어디에 숨어 있는지 파악하는 것이 중요하지만, 매가 공격해 올 때는 곧바로 덤불로 도망치는 것이 최선이죠.

이러한 천적의 다양성과 환경의 복잡성이 서로 다

---

* 1947년생. 영국의 연구자로, 인간 개체가 안정적인 관계를 맺을 수 있는 최대 인원을 나타내는 '던바 수' 개념을 제안한 것으로 알려져 있습니다.

른 울음소리와 그에 수반된 의미를 진화시킨 것이 아닐까 생각해요.

야마기와 맞아요. 환경도 중요한 요소지요.

스즈키 앞서 언급한 사회적 뇌 가설은 매우 유명하지만, 진화에는 항상 제약이 따르잖아요. 인간의 경우, 뇌의 거대화를 막는 요인은 과연 무엇일까요?

야마기와 골반의 형태겠지요. 두 발로 걷기 시작하면서 인간 여성의 골반 형태가 변해, 머리가 너무 큰 아기를 낳을 수 없게 된 거예요.

스즈키 그렇군요. 두 발로 걷는 진화가 항상 좋은 점만 있는 건 아니군요. 생각해 보면, 현대에도 제왕절개로 출산하시는 분들이 많은 것은 골반의 폭이 충분하지 않다는 증거일 수 있겠어요. 정말로 한계에 가까운 크기의 아기를 낳는다는 이야기고, 이렇게 생각하면 대단한 진화네요.

야마기와 맞아요. 그래서 우리 조상은 머리가 아직 작은 상태에서 아기를 낳고, 다른 유인원들보다 더 긴 시간 동안 아이를 키우게 된 거예요. 고릴라 아기의 뇌는 약 4년 만에 성체와 같은 크기가 되지만, 인간의 뇌는 청소년기까지 계속 성장하니까요.

스즈키 그렇군요. 인간의 성장기는 정말 긴 편이네요. 두 발로 걷게 된 결과, 골반 폭이 줄어들었고, 그래서 머리가 작은 아이를 낳고, 오랜 시간에 걸쳐 아이를 양육하는 방향으로 진화가 진행된 거군요. 머리를 작게 만드는 진화가 일어나지 않았다는 것은, 그만큼 지성이 중요했기 때문이라는 뜻이겠네요.

도덕과 미덕

스즈키 조금 화제를 바꿔서, 우리 사회를 강하게 규정하고 있는 도덕 같은 것들도, 언어와 관련해서 생겨난 걸까요?

야마기와 언어와 관련이 있다고 생각합니다. 이건 언어와 음악의 차이랑도 관련이 있는데요, 인간에게는 도덕과 미덕이 있잖아요.

도덕은 모두가 지켜야 할 규칙입니다. 하지만 미덕은 도덕과 겹치는 부분도 있을 수 있지만, 거기에 '아름다움'이 있어요. 그리고 아름다움은 공감을 불러일으키지만, 언어나 규칙 같은 의미는 없어요. 음악적인 존재라고 할 수 있죠.

스즈키 도덕은 언어로 이루어진 규칙에 가깝고, 미덕은 감정에 의한 것이라는 뜻인가요?

야마기와 저는, 먼저 미덕이 존재했고, 그것이 도덕으로 진화했다고 생각합니다. 동물을 관찰해 보면, 고릴라의 드러밍이나 공작새의 깃털처럼, 특히 수컷에게는 아름다움을 과시하려는 경향이 있습니다.

스즈키 다만, 동물에게 있어서의 '아름다움'을 정의하는 건 어렵네요…….

야마기와 어렵죠. 하지만, '핸디캡 이론(Handicap Principle)*' 같은 것이 한 가지 힌트가 될 수 있다고 생각합니다.

스즈키 이스라엘의 아모츠 자하비(Amotz Zahavi) 씨가 주장한 이론이죠. 공작 수컷의 극단적으로 크고 화려한 깃털이나, 사자에게 쫓길 때 가젤이 점프를 하는 행동 같은, 겉보기에는 생물로서 불리해 보이는 특징이나 행동이 "난 이런 핸디캡을 안고 있어도 문제없을 만큼 강하다"라는 신호라는 이론이에요.

야마기와 그의 이론에 따르면, 성숙한 수컷 오랑우탄의 얼굴에 나타나는 비늘 같은 구조물, 즉 플랜지(Frange)도 전형적인 핸디캡이라고 볼 수 있습니다. 그가 아이치현에 있는 일본 몽키 센터에 방문했을 때도 그런 이야기를 했다고 해요.

스즈키 저도 그분을 만나 뵌 적이 있는데, 뭐든 핸디캡이라고 하시더라고요. 낙타의 혹을 보며 "핸디캡",

---

* 공작새의 깃털처럼 생존에 불리해 보이는 표현형을 설명하기 위한 가설. 대표적인 예로 가젤의 점프 행위 등이 있다.

코끼리의 상아를 보며 "핸디캡"이라 하시던 게 생각나요(웃음).

위험한
아름다움

야마기와 플랜지는 시야를 방해해 불리하지만, 그것에도 불구하고 건강하게 살아남을 수 있는 개체가 강한 수컷으로 간주되기 때문에 암컷에게 선택받습니다. 그래서 핸디캡이 진화했다는 이론이 있지만, 이는 아름다움에 대한 감각과 관련이 있을지도 몰라요.

스즈키 맞아요. 공작새의 깃털 같은 경우, 인간이 봐도 아름답죠.

야마기와 오랑우탄의 플랜지와 관련해 재미있는 점은 모든 수컷에게 나타나는 것이 아니라는 점이에요. 영역을 가지지 못한 수컷에게는 플랜지가 나타나지 않거든요.

스즈키 테스토스테론 수치와 같은 호르몬 균형 때문일까요?

야마기와 아마도 그렇겠죠. 그런데 영역을 가진 플랜지를 가진 수컷이 죽고, 플랜지가 없는 수컷이 새롭게 영역을 가지게 되면, 그 개체에게도 플랜지가 나타나요.

즉, 사회적 상황이나 지위에 따라 외모가 변하는 거죠. 이는 영장류에서 흔히 나타나는 현상이에요. 예를 들어, 맨드릴의 수컷은 무리의 리더가 되면 얼굴색이 굉장히 화려해지거든요.

스즈키 콧등이 빨갛고 양옆이 파란색이라는, 정말 독특한 색깔이에요. 자연계에서 파란색은 드문 색이라 눈에 띄죠. 눈에 띈다는 것은 천적에게도 쉽게 발견될 위험이 있다는 뜻이기도 해서 위험한데, 이게 핸디캡으로서의 아름다움이라는 거겠죠. 저는 이런 '위험한 아름다움'의 진화는 성 선택에 의한 게 아닐까 생각해요.

야마기와 성 선택, 즉 이성을 차지하기 위한 경쟁에 따른 진화죠. 간단히 말하면, 매력적인 특징이 진화한다는 거예요. 공작새의 깃털이 그렇게 화려해진 것도, 화려한 깃털을 가진 개체가 암컷에게 지속적으로 선택받은 결과죠.

일반적으로 수컷이 더 화려한 동물이 많은 것도 성 선택의 결과일 거예요.

스즈키 바우어새라는 새의 수컷은 파란색처럼 희귀한 색의 재료를 사용해 매우 정교한 구애용 둥지를 만드는데, 이건 암컷에게 선택받기 위해서죠. 미적 감각이라는 것은 아마 이런 데서 비롯된 게 아닐까요.

자기희생의 미스터리

야마기와 미덕에 대한 이야기로 돌아가자면, 물에 빠진 아이를 구하려고 물속에 뛰어드는 행동은 규칙이 아니기 때문에 도덕은 아니지만, 미덕이라고 할 수 있죠. 즉, 아름다움이 존재하는 겁니다. 그 아름다움의 감각이 어느 정도는 가까울 수 있겠네요.

다만, 지금의 예처럼 자기희생은 어려운 문제예요. 찰스 다윈*도 이 점에 대해 고민했습니다. 왜냐하면 희생해서 죽으면 아이를 남길 수 없으니까요.

그 이치로 보면, 자기희생적인 행동이 도태되지 않고 진화해 온 이유를 설명하기 어렵습니다.

스즈키 그 모순을 설명하는 이론이 '혈연 선택설'이죠. 어떤 개체가 자손을 남기지 못하고 죽더라도, 그

* 1809-1882년. 갈라파고스 제도의 생태계를 관찰하여 진화론을 주창한 영국의 학자로, 주요 저서로 「종의 기원」이 있다.

개체와 많은 유전자를 공유하는 형제자매나 친척들이 자손을 많이 남기면, 죽은 개체의 유전자도 증가하게 되는 이론입니다. 간단히 말하면 그런 이론이죠.

대표적인 예가 일벌이나 일개미입니다.

그들은 자손을 가지지 못하지만, 여왕벌이나 여왕개미와 같은 자매가 자손을 많이 낳기 때문에, 그 자손들을 통해 자신의 유전자를 남기게 되는 거죠.

인간의 예를 들자면, 자식을 한 명 갖는 것과 조카 두 명을 갖는 것은 다음 세대에 전달되는 유전자의 총량이 기댓값으로 따졌을 때 동일하다는 뜻입니다.

야마기와 유전자나 개체 단위의 이야기가 아니라, 집단 선택* 모델도 최근 다시 주목받고 있습니다. 어떤 개체에게는 불리한 자기희생적인 행동도, 무리 전체에게 유리하다면 진화할 수 있다는 것이죠.

스즈키 개체 단위에서는 불리하더라도, 집단 전체의 퍼포먼스를 높이는 행동이 진화할 수 있다는 점에는 저도 동의합니다.

박새의 경우, 다른 종의 새들과 혼군을 이루고 있는 상태에서도, 포식자를 발견한 개체가 가장 먼저 경계

---

* 개체나 유전자 단위가 아니라 집단 단위에서 자연 선택에 의한 최적화가 이루어진다는 생각.

음을 내서 주변에 포식자의 존재를 알리죠.

이기적으로 생각하자면, 포식자에게 들킬 위험이 높은 경계음을 내는 것은 불리한 행동입니다. 조용히 도망치는 것이 가장 유리하겠죠.

하지만 무리의 다른 개체들에게는 포식자의 존재를 알리는 것은 매우 감사한 행동이죠. 이런 경계음은 다양한 동물들에서 확인되며, 자기희생적인 행동의 일종으로 볼 수 있습니다.

야마기와 그런데, 혼군이잖아요?

스즈키 맞습니다. 이런 경우, 혼군 상태에서는 무리 내의 개체들이 혈연관계가 없는 경우가 많습니다.

즉, 대부분이 남남이라는 이야기죠. 그래서 새들의 경계음을 혈연 선택만으로 설명하는 것은 어렵습니다.

야마기와 예를 들어, 경계음을 낸 개체가 반드시 포식자에게 잡아먹히는 것은 아니겠죠.

그 경계음 덕분에 동료들이 살아남을 수 있었고, 이로 인해 번식 파트너를 찾기 더 쉬워질 가능성도 있습니다.

스즈키 위험을 감수하며 경계음을 내는 행동을 했을 때 인기를 얻기도 하므로, 이러한 자기희생적인 행동이 진화했을 가능성도 있겠네요.

결국, 미덕이나 도덕 같은 개념은 이런 상황에서 비롯된 것이 아닐까 생각합니다.

야마기와 그렇습니다. 그리고 여기서 언어가 중요한 역할을 합니다.

특히 인간의 경우, 언어를 통해 의사소통이 진화하면서 어떤 개체가 자기희생적인 행동으로 죽더라도, 그 개체의 친족의 평판이 높아져 혈연의 자손을 더 많이 남길 가능성이 커졌을 겁니다.

예를 들어, “이 사람의 친척은 집단을 위해 자신을 희생해서 죽었어”라는 정보를 언어를 통해 공유할 수 있으니까요.

스즈키 유전자를 남기지 못하더라도, 언어를 통해 평판이 전해지고, 그로 인해 영향력이 이어질 수 있다는 이야기군요.

야마기와 다만, 아이러니하게도 이러한 이타적 행동이 폭력이나 전쟁으로 이어지는 측면도 있습니다.

『휴먼카인드: 감춰진 인간 본성에서 찾은 희망의 연대기의』의 저자 뤼트허르 브레흐만은, 인간은 적을 미워해서 전쟁을 하는 것이 아니라, 동료를 위해 싸운다는 결론을 내렸습니다.

인간은 본질적으로 전쟁을 좋아하는 것이 아니라,

동료를 보호하거나 신뢰를 저버리지 않기 위해 전쟁터로 나간다는 주장이지요.

스즈키 확실히 전쟁터에서는 동료 의식, 거기서 비롯된 미덕 관념이 자기희생으로 이어지는 경우가 많을 것 같습니다. 그런데 이게 미덕으로 간주되면 전쟁이 정당화되는 느낌도 드네요…….

야마기와 동물들은 어지간하면 서로 죽이려 하지 않습니다. 영장류의 싸움은 반드시 화해가 뒤따르고, 충돌을 피하기 위한 의사소통도 이루어지죠.

마운틴 고릴라*는 시야가 좁은 숲속에서 다른 개체를 알아보기 위해, 풀숲 너머에 있는 개체에게 "우호호" 같은 질문성 소리를 냅니다.

이를 '질문 짖기(Question Bark)'라고 부르는데, 일본어로 하자면 "누구냐?"라는 약간의 위협이 담긴 소리죠.

이 소리에 즉각적으로 답하지 않으면 공격받을 수 있습니다.

스즈키 그럴 땐 뭐라고 대답하면 될까요?

야마기와 "그그프흠"이라고 하면 됩니다. 이를 '이중 트림 소리(Double Belch)'라고 부르는데, 이는 개체마다

---

* 우간다와 콩고민주공화국의 일부 삼림에 사는 고릴라.

다르기 때문에 숲속의 개체가 누군지 알 수 있게 해 줍니다.

스즈키 완전히 대화 같네요.

영장류의
싸움 방식

야마기와 물론 고릴라들의 싸움이 살해로 이어지는 일이 전혀 없는 것은 아닙니다. 특히 암컷을 둘러싼 수컷 간의 다툼은 굉장히 치열합니다.

다만, 그것은 암컷이 어느 한쪽을 선택하지 않고 중립적인 태도를 취했을 때 발생합니다.

하지만 암컷이 어느 한쪽 수컷을 선택하면, 다른 쪽 수컷은 순순히 물러납니다.

스즈키 새들도 번식을 둘러싼 살해가 보고된 적이 있습니다. 특히, 나무 구멍이나 특정 장소에만 둥지를 틀어야 하는 새들은, 둥지를 지을 장소가 제한적이기 때문에 이를 둘러싼 싸움이 벌어지기도 합니다.

그렇지만, 기본적으로는 서로 해치는 일은 드물고, 싸움 전에 보여주기식 행동으로 끝나는 경우가 많죠.

박새의 경우는 가슴의 넥타이 같은 무늬를 과시합

니다. "나는 너보다 강하니까 쓸데없이 싸움 걸 생각 말아라"는 메시지입니다. 참고로 박새는 넥타이 무늬가 두꺼울수록 강합니다.

야마기와 애초에, '싸움 = 장기적으로 승패를 결정하는 것'이라는 고정 관념은 인간만의 것입니다.

예를 들어, 원숭이도 먹이나 짝짓기 상대를 두고 싸우며, 그 자리에서 승패가 결정되긴 합니다.

그러나 승패를 정하는 것이 목적이 아니라, 화해 행동과 세트로 이루어지는 것입니다.

스즈키 털 고르기 같은 행동인가요?

야마기와 여러 가지 상황 속에서 1대1로 싸우는 원숭이의 경우, 당사자끼리 화해를 해야만 합니다.

어떻게 하냐면, 싸움으로 부상을 입거나 먹이 장소에서 쫓겨난 원숭이와 이긴 원숭이가 다시 만났을 때, 이긴 쪽이 모르는 척하는 행동을 합니다.

혹은 서로 털 고르기를 하거나, 포옹을 하기도 합니다. 싸움 후에는 신체 접촉이 증가하는 것으로 나타났습니다. 원숭이는 하루 종일 무리 속에서 생활하기 때문에, 따로 떨어져 살 수 없습니다. 그러한 조건 속에서 진화한 행동일지도 모릅니다.

스즈키 그렇군요.

야마기와 뭐, 원숭이의 경우 그 자리에서의 승패를 결정하는 측면이 있다고도 볼 수 있습니다.

이긴 쪽은 털을 곤두세우고 상대를 노려보는 반면, 진 쪽은 '그리메이스*'라고 하여 잇몸을 드러내며 상대에게 아부하는 태도를 보입니다.

또한, 주변 원숭이들이 우세한 쪽을 응원해서 싸움을 빨리 끝내도록 만듭니다. 이를 위너 서포트(Winner Support)라고 부릅니다.

하지만 고릴라 간의 싸움에서는 승패가 없습니다. 반드시 제삼자가 개입하며, 절대로 승패가 나지 않도록 중재합니다. 만약 한쪽이 질 것 같으면, 제삼자가 열세 쪽을 응원하여 승패가 나지 않게 만듭니다. 이를 루저 서포트(Loser Support)라고 부릅니다.

스즈키 고릴라 사회는 대등함을 중시하는 사회라는 뜻인가요?

야마기와 루저 서포트는 고릴라뿐 아니라 겔라다개코원숭이나 망토개코원숭이들도 보이는 행동입니다. 이들은 모두 일부다처제를 유지하는 종으로, 수컷들 간에 동등한 위치를 유지합니다. 그래서 승패를 정하

---

* 위아래의 잇몸을 드러내는 표정 중 하나. 원숭이의 그리메이스는 사람의 웃는 얼굴을 닮았다.

지 않는 것이겠지요.

스즈키 그렇군요. 루저 서포트는 꽤나 고도의 행동 같네요. 조류에서는 보고된 바가 없고, 영장류 외에서는 알려지지 않은 행동일지도 모르겠습니다.

조류의 경우, 최근까지만 해도 화해 행동을 하지 않는다고 여겨졌습니다. 하지만 큰까마귀는 싸움 후에 그 상대와 친밀한 관계를 유지하고자 할 때, 가까이 다가가서 친밀감을 보이는 행동이 보고되기 시작했습니다.

연구자들이 그저 이러한 행동을 눈치채지 못했을 가능성도 있다고 생각합니다.

언어의 폭주 끝에 벌어진 전쟁

스즈키 지금 생각난 건데, 침팬지에서도 집단 단위로 격렬한 살육이 일어난다고 들은 적이 있습니다. 이것은 인간의 전쟁과 비슷한 걸까요?

야마기와 아, 그건 사실입니다. 하지만 그런 현상은 탄자니아의 곰베와 마할레, 그리고 우간다의 키발레 등 한정된 지역에서만 관찰됩니다.

소멸한 집단이 있을 정도로 격렬한 싸움이 벌어지긴 하지만, 이런 현상이 나타나는 지역은 인간의 개발로 인해 자원이 감소하고 있는 경향이 있어서, 그 영향을 받은 것일 가능성이 있습니다.

스즈키 그렇군요. 인간의 개발이 침팬지의 살육을 초래했을 가능성이 있다니…….

야마기와 게다가 인간의 전쟁과는 많이 다릅니다. 침팬지는 어디까지나 욕구를 위해 살육을 벌이는 반면,

인간은 공동체의 명예를 위해 싸웁니다. 동기가 완전히 다릅니다.

또한, 인간의 총력전과는 규모가 비교할 수 없을 정도로 다릅니다. 인간만이 이렇게 대량 학살을 동반하는 전쟁을 하게 된 이유는 여러 가지가 있겠지만, 언어를 가졌다는 점도 중요한 열쇠를 쥐고 있다고 생각합니다.

국가나 민족과 같은 가상적 개념이 전쟁으로 이어졌다는 점은 여러 번 지적되었지만, 언어 없이는 그런 개념을 공유할 수 없었을 겁니다.

스즈키 확실히 말씀하신 대로네요. 언어가 없었다면 가상적 개념이나 대립하는 조직, 사상이 생겨나지 않았겠지요. 가상의 집단을 지키기 위한 자기 희생의 미덕도 생기지 않았을 겁니다.

야마기와 전쟁은 언어가 폭주해 버린 사례 중 하나라고 생각합니다. 게다가, 앞서 언급한 이타적 미덕이나 도덕도 부정적인 영향을 미치고 있다고 볼 수 있습니다.

사회의 복잡성이 도덕을 낳았다

스즈키 미덕에 이어 도덕이 진화했다고 말씀하셨는데, 도덕이라는 것은 사회에 의해 정해진 규칙을 의미하는 걸까요?

야마기와 인간이 미덕뿐만 아니라 도덕을 발전시킨 이유는 역시 사회 구조와도 관련이 있다고 생각합니다.

예를 들어, 인간 사회에는 '불륜은 나쁘다'는 도덕이 있지요. 하지만 수컷과 암컷의 관계를 생각해 보면, 고릴라처럼 가족적인 집단에서만 생활한다면, 수컷의 입장에서 다른 수컷만 배제하면 되니, 과제가 단순합니다.

하지만 인간처럼 복잡한 사회를 가지게 되면, 불륜의 대상이 많아지기 때문에 힘으로 해결하기가 어려워집니다. 그래서 '불륜은 금지'라는 금기, 또는 도덕의 원형이 생겨난 게 아닐까요?

스즈키 그렇군요. 그런데, 언어가 아직 진화하지 않은 단계에서는, 그 도덕은 집단 내에서 어떻게 공유되었을까요?

야마기와 물론 문자 같은 것은 없었기 때문에, 본래의 도덕은 '신체화된 것'이었을 겁니다.

신체화란, 머리나 문장으로 논리적으로 생각해서 결론을 내리는 것이 아니라, 즉각적으로 맥락에서 판단할 수 있다는 것을 말합니다. 제도나 시스템이 아니었던 거지요.

스즈키 언어 이전의 도덕이라니, 흥미롭네요. 우리는 흔히 규칙은 문자화되어야 비로소 효력을 발휘한다고 생각하기 쉽지만, 언어가 진화하기 이전에도 사회적 교류나 맥락을 통해 옳고 그름을 판단했을지도 모른다는 말씀이군요.

반대로 말하면, 현대는 규칙이 문자화되어 있기 때문에 신체화된 도덕에 대한 감각이 둔해졌을 가능성도 있겠네요.

온라인이나 SNS의 소통에서는 신체가 존재하지 않고, 문자만으로는 맥락을 읽기가 어려우니까요.

야마기와 선생님 말씀처럼, 신체적 도덕을 공유할 기회가 줄어든 것 같습니다.

맥락을
읽는다는 것

야마기와 맥락이라면 이런 일이 있었습니다. 르완다 공화국 화산 국립 공원에서 제가 마운틴 고릴라 무리를 관찰하고 있었을 때의 이야기입니다. 저는 그 고릴라 무리를 오래 관찰해 왔기 때문에, 그들은 저에게 익숙해져 있었어요.

하지만 그날은 외부에서 새로운 연구자가 오기로 예정되어 있었죠. 그런데 그녀가 조금 늦게 도착하게 되었습니다.

저는 먼저 산에 올라가 평소처럼 고릴라를 관찰하고 있었는데, 그때 그녀가 늦게 도착한 겁니다. 고릴라들에게는 처음 보는 사람이었지요.

그러자, 그 무리에는 실버백 수컷 두 마리가 있었는데, 새로 온 여성 연구자를 유심히 지켜보던 나이 든 실버백이 갑자기 드러밍을 하기 시작했어요.

곧 다른 한 마리 실버백도 이를 따라 하더니, 두 마리의 어린 수컷이 갑자기 그녀에게 맹렬히 달려들었습니다.

스즈키 그건 큰일 아닌가요?

야마기와 저는 "이건 위험하다!"라고 생각했어요. 그녀도 겁에 질려 웅크렸지만, 두 마리 수컷은 금방 멈췄습니다.

실제로 공격하려는 의도는 없었고, 단지 장난으로 놀린 것뿐이었어요.

드러밍은 단순한 디스플레이로, 일반적으로 공격 지시의 신호가 아닙니다.

하지만 낯익은 제가 있는 곳에 본 적 없는 새로운 인간이 다가왔다는 새로운 맥락에서 나이 든 실버백이 드러밍을 하는 순간, 고릴라들 사이에서 "새로운 녀석이 왔으니 좀 놀려 주자"는 의도가 공유된 셈입니다.

즉, 울음소리 하나 없이도, 상황과 나이든 실버백의 시선, 드러밍으로 소통이 이루어진 거죠.

스즈키 그렇군요. 드러밍이 곧바로 공격 신호는 아니군요?

야마기와 맞습니다. 드러밍 자체가 "겁을 줘라"라는 의미를 가진 건 아니니까요.

스즈키 상황, 시선, 드러밍 등 여러 맥락을 종합적으로 해석하여 의도를 파악한 거군요. 이게 앞서 말씀하셨던 몸으로 체화된 판단이라는 개념과 연결되는 거네요.

암묵적 지식에 의한 소통

스즈키 동물의 의사소통을 연구하다 보면, 인간의 "문자"라는 발명품이 얼마나 혁명적인지 새삼 느껴집니다. 왜냐하면 문자는 시간과 공간을 초월하여 메시지를 전달할 수 있기 때문입니다. 편지에 써서 비둘기로 보내거나, 돌에 새겨 몇십 년 동안 남겨둘 수도 있죠. 이메일로 작성된 문장도 마찬가지입니다.

문자를 사용하는 동물은 인간 외에는 알려져 있지 않아요. 하지만 방금 고릴라 사례에서도 알 수 있듯이, 인간의 언어도 본래 동물의 의사소통과 마찬가지로 맥락에 의존하여 이루어지는 거죠. 다른 말로 표현하자면, 언어적 의사소통은 원래 멀티 모달(Multi Modal)하다는 겁니다.

야마기와 멀티 모달이라면, 시각, 청각, 촉각처럼 여러 감각을 사용하는 걸 말하는 거죠?

스즈키 네, 맞습니다. 이 말은 곧 맥락의 영향을 받는다는 의미죠. 문자에 의존하는 현대 사회에서는 잊기 쉽지만, 인간의 의사소통도 사실은 멀티 모달합니다.

예를 들어, "좋아"라는 단어는 다의적이고, 맥락에 따라 의미가 달라지죠.

활짝 웃으며 "좋아"라고 말하는 것과, 고개를 가로저으며 "좋아"라고 말하는 것은 의미가 전혀 다릅니다. 전자는 허가의 의미이고, 후자는 거절의 의미가 됩니다.

즉, 청각과 시각이 동시에 작용하여 전체적인 의미를 만들어 내는 거예요.

그런데 이런 맥락은 문자만으로는 표현할 수 없습니다. "좋아"라는 글자는 단지 "좋다"는 모양의 잉크 자국일 뿐이고, 거기서 표정을 읽어 내는 것은 불가능하죠.

야마기와 그렇죠. 스즈키 씨가 말한 맥락처럼, 의사소통에서는 문자나 문장으로 표현할 수 없는 정보가 굉장히 중요한 역할을 한다고 생각합니다.

이걸 암묵적 지식이라고 부를 수 있겠죠.

스즈키 암묵적 지식이란 어떤 걸 말씀하시는 건가요?

야마기와 영장류의 새끼들은 어미에게 바짝 붙어 자라면서, 먹이를 찾는 방법이나 위험을 피하는 법을 배웁니다. 하지만, 그것은 언어로 가르치는 것이 아닙니다. 항상 함께 살면서 몸으로 체득된 지혜를 전수하는 거죠. 그것은 말로 표현되지 않아요.

스즈키 그렇군요. 언어에 의존하지 않는 정보 전달이라는 말씀이시군요. 새들도 부모 새와 함께 지내는 동안 여러 가지를 배우고,인간과 반려견의 관계도 그런 점에서 비슷한 것 같아요.

야마기와 맞아요. 개도 인간의 감정을 이해할 수 있잖아요. 그것도 함께 지내며 쌓아 온 결과입니다. 개는 인간의 말을 하지 못하고, 몸의 형태도 완전히 다르기 때문에 몸짓이나 제스처 방식도 다르죠.인간은 기쁠 때 웃지만, 개는 꼬리를 흔드는 것처럼요. 그럼에도 불구하고 의사소통이 가능한 이유는, 바로 암묵적 지식을 주고받고 있기 때문이에요.

스즈키 제가 키우는 강아지 쿠짱도 제 움직임을 정말 잘 살피더라고요. 그걸로 제 생각이나 기분을 이해하는 것 같아요. 개는 원래 무리 생활을 하던 동물이어서 의사소통 능력이 특히 뛰어난 것일지도 모르겠네요.

언어의 위력과 사회의 권력

야마기와 그런데, 수많은 의사소통 수단 중에서 언어에 의존하고 있는 것이 지금의 인간입니다. 예를 들어, 혼노지의 변에서 아케치 미쓰히데는 주군 오다 노부나가를 배신하며 이렇게 말했죠. "적은 혼노지에 있다." 미쓰히데의 이 한마디로 모두가 혼노지를 공격하게 되었습니다.

자세한 상황은 차치하더라도, 미쓰히데의 부하들은 처음엔 "우리가 대체 누구를 공격하는 거지?"라고 생각할 정도로 목표가 명확하지 않았을 겁니다.

하지만, 단 한마디로 상황은 완전히 뒤바뀌었죠.

이것은 인간의 언어가 가진 위력을 보여 주는 사례이면서, 동시에 조직 체계라는 인간 집단을 묶는 질서가 있었기에 가능한 일이기도 합니다.

만약 흩어져 있는 사람들에게 "적은 혼노지에 있다"

라고만 말했다면 아무도 공격에 나서지 않았겠죠.

스즈키 맞아요. 아케치 미쓰히데라는 장수가 말했기 때문에 공격이 이루어진 거지, 다른 사람이 똑같이 말했더라도 그건 단순한 상황 설명에 지나지 않았을 거예요. 앞서 이야기했던 맥락의 이해와도 관련이 있는 것 같아요.

야마기와 즉, 인간의 언어는 그 자체로 힘을 발휘하는 것이 아니라, 사회나 조직, 그리고 그 조직을 결속시키는 문화와 습관이 결합해야 비로소 그 힘을 발휘할 수 있다는 거죠.

스즈키 정확히 그렇습니다. 사회나 조직을 통제하는 데 있어서 언어는 강력한 도구로 작용하니까요. 즉, 사회와 언어는 함께 진화해 온 것이 아닐까 생각해요.

야마기와 예전에 아프리카의 음부티족의 춤 이야기를 했었죠. 그들은 원형으로 둘러서서 춤을 추며 폴리포니를 부릅니다. 혼자서는 결코 할 수 없는 일이죠. 이런 풍습이나 주술, 원시적인 종교 역시 인간을 집단으로 묶는 행위라고 생각합니다.

그리고, 이미 이런 장치가 존재했던 인간 사회에 언어가 탄생했죠. 그래서 인간의 언어가 사회를 움직이는 힘을 가지게 된 거라고 봐요.

스즈키 저도 동의합니다. 그렇다면, 사회의 진화를 추적하면 언어의 기원도 밝혀낼 수 있을지도 모르겠네요.

언어학에서는 인간의 언어가 약 7만~10만 년 전에 생겼다고 하지만, 실제로는 어떻게 보시나요?

야마기와 그건 어디까지나 현대인이 사용하는 현재의 언어를 기준으로 한 이야기고, 훨씬 더 단순한 언어의 원형은 몇십만 년 전부터 있었을 거라고 생각합니다.

그리고 언어의 진화와 함께 사회 역시 진화했겠죠. 그 점에 대해서도 더 이야기해 보죠.

사회의 확장과 뇌

야마기와 앞서 언급한 로빈 던바에 따르면, 약 1만 년 전 농경과 목축이 시작되기 전까지 인간이 생활하던 사회의 규모는 약 150명 정도였다고 합니다.

이 숫자는 던바의 수라고도 불리죠. 이런 환경 속에서 우리의 언어가 진화해 왔습니다.

던바는 영장류의 뇌를 연구하면서 각 종의 뇌에서 고도 사고를 담당하는 대뇌 신피질이 차지하는 비율이 다르다는 점에 주목했어요. 그리고 대뇌 신피질의 비율이 무리의 크기와 비례한다는 사실을 발견했죠.

스즈키 무리가 클수록, 대뇌 신피질의 비율도 더 커지는 거군요.

야마기와 던바는 이 법칙을 대뇌 신피질 비율이 특히 큰 인간의 뇌에 적용했습니다.

스즈키 영장류에서 도출된 공식을 인간의 뇌 크기에 적용해, 당시 인간 집단의 크기를 추정한 거군요.

야마기와 그렇게 도출된 숫자가 바로 150명이었어요. 즉, 인간의 뇌는 더 큰 집단에 대응하기 위해 계속 커져 왔다는 설입니다.

그런데, 집단의 크기가 커진다는 건 집단의 결속을 유지하기 위한 노력 역시 증가한다는 걸 의미합니다.

예를 들어, 원숭이의 털 고르기는 사회적 그루밍, 혹은 집단의 접착제라고 불리는데, 그 노력이 인간에게는 훨씬 더 방대하다는 거죠. 털 고르기만으로는 도저히 감당할 수 없을 정도로 말이죠.

스즈키 150명과 털 고르기를 한다는 건 도저히 불가능하죠(웃음).

야마기와 그렇다면 인간에게 있어 사회적 유대의 대체물은 무엇이었을까요? 저는 그것이 단순히 언어만은 아니었다고 생각합니다.

스즈키 털 고르기를 대신한 것은 무엇일까요?

야마기와 일단은 공식(共食)*. 함께 식사를 하는 것이죠. 그리고 음악도 중요한 역할을 했다고 봅니다.

또한, 이건 던바도 말한 바 있는데, 모닥불을 둘러싸고 함께 시간을 보내는 것은 특히 위험한 밤 시간을

---

* 숭배의 대상에게 제물로 바친 동식물을 함께 나누어 먹던 의식.

편안히 보내게 해 주었고, 공감 능력을 높이는 데 큰 의미를 가졌을 겁니다.

스즈키 정말 그렇습니다. 다 같이 모닥불을 둘러싼 순간의 안도감과 일체감은 굉장히 특별하죠. 음악 공연에서도 비슷한 일체감을 느낄 수 있습니다.

야마기와 인간 사회의 특징은 집단의 규모가 크다는 점 외에도, 집단이 매우 유연하다는 점에 있습니다. 쉽게 말해 분화와 통합이 자유롭게 이루어진다는 것이죠.

예를 들어 오늘도 저는 처음 만나는 사람과 대화를 나눴는데, 이는 다른 영장류에서는 불가능한 일입니다. 영장류의 무리에서는 경계가 굉장히 강하며, 외부인은 무조건 쫓겨납니다. 새로 무리에 들어가기 위해서는 많은 시간과 절차가 필요하고, 한 번 쫓겨나면 다시 돌아오는 것은 불가능하죠.

하지만 인간은 그렇지 않습니다. 인간의 집단은 계층적 구조를 가지거나, 더 큰 집단 안에 포함된 중첩된 구조를 가지는 등 매우 복잡합니다.

이러한 점 또한 인간의 대뇌 신피질이 커지게 된 요인이었을지도 모릅니다. 앞서 언급한 것처럼, 한 개인이 집단 A에서는 부모, 집단 B에서는 사냥꾼, 집단 C

에서는 음악가와 같은 여러 역할을 중첩해서 가질 수 있기 때문입니다.

스즈키 사실 제가 연구하고 있는 박새도, 새들 중에서는 뭉쳤다 흩어졌다 하는 유동적인 사회에서 살아가고 있습니다. 박새 무리는 특정 구성원에 고정되지 않고 여러 개별 박새들이나, 때로는 다른 종의 새들과도 무리를 형성합니다.

박새의 뛰어난 지능과 복잡한 언어 능력도, 이런 복잡한 분화와 통합의 사회에서 진화한 것일지도 모릅니다.

뒤처진 마음과 몸

야마기와 하지만 현대 사회의 규모와 복잡성은 인간이 진화해 온 환경과는 비교가 되지 않을 정도로 큽니다.

150명 정도 규모의 집단이 아니라, 수천 명에서 수만 명의 거대한 조직이 흔하며, 국가 같은 경우에는 1억 명이 넘는 인구를 품고 있기도 하죠.

스즈키 정말 그렇습니다. '6단계 분리 법칙'라는 말이 있죠. 친구의 친구를 계속 연결하다 보면, 6단계 안에 전 인류와 연결될 수 있다는 이론인데요.

SNS 시대에 들어서면서 집단의 크기도 많이 달라진 것 같습니다.

야마기와 그렇습니다. 그런데도 우리의 몸과 마음은 약 150명 규모의 집단을 전제로 만들어져 있기 때문에, 불일치가 생깁니다. 즉, 사회의 진화 속도에 비해 우리의 몸과 마음은 뒤처지고 있다는 뜻이죠.

스즈키 확실히 그렇네요. SNS 같은 문명이 확산되면서 집단의 크기는 커졌지만, 유전적으로 우리의 신체는 변화하지 않았으니 말입니다.

이렇게 변화하는 집단의 양상이야말로 현대 사회의 큰 특징이라고 볼 수 있겠네요.

야마기와 현대 사회의 또 다른 특징은 언어에 의존한다는 점입니다. 지금까지 이야기했듯이, 언어는 많은 소통 수단 중 하나에 불과했습니다.

그런데 현대 사회에서는 그 지위가 극단적으로 높아져 버렸습니다.

언어는 소통 수단으로써 역사가 매우 짧습니다. 지금 우리가 사용하는 언어가 1만 년 전에 생겨난 것이라고 하지만, 인류 700만 년의 역사에서 보자면 아주 최근의 일이죠.

스즈키 그렇습니다. 언어 외의 소통 방식에, 불과 얼마 전까지도 의존해 왔을 테니까요.

야마기와 우리는 언어가 생기기 훨씬 전부터 사바나의 작은 집단 속에서 노래를 부르고, 춤을 추며, 서로를 바라보며 소통해 온 동물입니다.

하지만 현대인은 노래와 춤을 잊어버렸습니다. 언어 덕분에 집단의 크기가 급격히 커졌고, 국가가 생겨났으며, 인터넷과 SNS도 만들어졌습니다. 그러나 진화적 관점에서 보면, 그 변화는 너무나 빠르며 한순간에 이루어진 일입니다. 그래서 우리의 몸과 마음은 그 속도에 맞추지 못하고 있습니다.

스즈키 몸과 마음의 진화에는 오랜 시간이 걸리는데, 문화의 진화 속도가 너무 빨라서 따라잡지 못하고 있는 거군요.

야마기와 그렇죠. 이건 일부 질병과도 비슷합니다. 인간이 진화해 온 사바나 환경에는, 편의점도, 과자도 없었고, 굶주림이 일상이었죠. 그래서 인간의 몸은 수십만 년에 걸쳐 그런 환경에 적응해 왔습니다.

그런데 현대에 들어서 갑자기 풍요로운 환경에 던져졌습니다. 그 변화에 적응하지 못해서 생활습관병이 생겼다는 이야기가 있죠. 하지만 몸과 마음은 하나입니다. 현대 환경에 적응하지 못하는 것은, 몸뿐만 아니라 마음도 마찬가지입니다.

스즈키 인간의 문화적 진화가 어딘가 이상한 방향으로 가고 있는 듯한 느낌이 듭니다. 특히 언어를 획득한 이후로요.

야마기와 맞습니다. 우리의 몸과 마음이, 폭주하는 언어에 의해 뒤처져 있는 셈입니다.

3장 인간이라는 동물의 언어 요약

인간의 언어는 음성 언어뿐만 아니라 제스처로부터 시작되었을 수도 있다.

많은 연구자들은 동물에게도 문화가 존재한다고 보고 있다. 학습과 문화의 차이는, 문화는 세대를 넘어 계승된다는 점에 있다.

직립 보행으로 춤을 출 수 있게 된 것과, 노래의 존재는 인간 언어의 진화와 관련이 있을지도 모른다.

동물들은 울음소리뿐 아니라 맥락, 시선, 손짓과 몸짓 등을 동시에 사용하며, 복잡한 메시지를 주고받는다.

인간의 의사소통은 명확히 표현되고 체계적으로 정리된 지식인 언어에 의존하지만, 동물들은 말이나 글로 표현하기 어려운 암묵적 지식을 많이 사용한다.

4

내달리는 언어, 뒤처지는 몸

밤에 살았던
인간의 조상

야마기와 조류의 언어를 연구하는 스즈키 씨와 영장류를 연구해 온 저의 대화는, 어쩐지 우리 자신, 즉 인간의 언어에 대해 이야기하는 단계까지 온 것 같습니다.

하지만 그 전에, 조류 전문가와 이야기하고 있으니, 우리 인간이라는 동물에 대해 한 가지 확인해 두고 싶습니다. 왜냐하면 우리 인간은 "새가 되고 싶어 했던 동물"이기 때문입니다.

스즈키 새가 되고 싶어 했던 동물요?

야마기와 네, 제가 계속 연구해 온 영장류는 새가 되려고 했던 포유류입니다. 그리고 인간도 그 범주에 포함되죠. 이야기는 공룡 시대로 거슬러 올라갑니다.

공룡이 전성기를 누리던 시절, 우리 조상인 포유류는 조용히 야행성 환경에서 살아가고 있었습니다. 주간의 세계는 공룡이 활보하고 있었기 때문에, 생존할 수 있는 환경, 즉 생태적 지위(Niche)*는 밤에만 존재했거든요.

스즈키 공룡의 후손이 현재의 조류니까, 그 당시 이미 주간의 세계는 새의 조상들이 지배하고 있었다는 말씀이시군요.

야마기와 하지만 백악기 말기에 공룡이 멸종하고 포유류가 부상하기 시작했죠. 그중 일부는 나무 위로 이동하게 됩니다. 그들이 우리의 조상입니다.

당시 낮 동안 나무 위 세계는 새들이 지배하고 있었습니다. 새들 외에도 박쥐 같은 동물들이 나무 위에 살았지만, 그들은 새들과의 충돌을 피하기 위해 밤의 세계, 즉 야행성 생태적 지위를 선택했습니다. 이는 마치 공룡 시대의 포유류처럼 말이죠.

스즈키 들어 본 적이 있습니다. 현재도 박쥐가 낮의 생태적 지위에 나오지 못하는 이유는 새들이 있기 때문이라고요.

야마기와 나무 위에서 살기 시작한 작은 포유류였던 우리 조상도 마찬가지로 밤의 세계를 선택해, 과일이나 곤충 같은 새와 박쥐가 먹는 것과 같은 먹이를 섭취했습

* 어떤 종이 생존하기 위해 이용하는 환경을 뜻한다. 종들 간에 생태적 지위가 겹치면 경쟁이 발생한다.

니다.

스즈키 먹이를 둘러싼 힘의 경쟁에서 새들에게 밀리니 활동 시간을 조정한 것이군요.

야마기와 하지만 우리 조상을 새와 박쥐랑 비교했을 때 가장 큰 차이점은 날지 않았다는 겁니다. 그리고 날지 못하는 대신, 새와 박쥐가 할 수 없었던 일을 성취했죠.

스즈키 그게 무엇인가요?

야마기와 몸집을 키운 것입니다. 새와 박쥐가 먹지 않는 잎이나 나무껍질 같은 섬유질을 먹기 시작했거든요. 이렇게 해서 원시적인 영장류가 탄생했습니다.

스즈키 그렇군요. 다른 먹이를 활용함으로써 새들과의 경쟁을 피하고, 몸집을 키우는 방향으로 진화가 이루어진 거네요.

야마기와 영장류는 몸집을 키운 덕분에 겨우 새들에게 대항할 수 있게 되었고, 낮의 세계에도 진출하기 시작했습니다. 그리고 새들의 식탁에 침입하기 시작했죠.

스즈키 이번에는 조류가 먹는 먹이를 포유류도 먹게 된 거군요?

야마기와 그렇습니다. 그러자, 그 진화로 인해 기존에 새나 곤충에게 먹히던 식물들도 새롭게 들어온 포유류에 적응하여 진화를 시작합니다. 이를 공진화(共進化, coevolution)*라고 합니다.

그때까지 과일을 가지고 씨앗을 통해 번식하는 종자식물은 꽃가루는 곤충에게, 씨앗은 새들에게 옮기도록 맡기고 있었습니다. 이러한 조건 아래에서 번식하기 쉬운 방향으로 진화해 온 것이죠.

스즈키 애초에 과일은 씨앗을 옮겨 주는 동물을 유인하기 위한 것이잖아요. 지금도 많은 새들이 과일을 먹으며 씨앗을 퍼뜨리는 데 기여하고 있죠.

야마기와 그런데 거기에 영장류가 새롭게 나타나면서, 종자식물 쪽에서도 영장류가 좋아할 만한 과일을 맺기 시작했습니다. 영장류는 그 과일을 먹고 씨앗을 옮기게 되었죠. 그렇게 공진화가 일어난 겁니다.

스즈키 새들이 좋아하는 맛이 아니라, 영장류의 입맛에 맞는 과일도 만들어지게 된 거군요.

---

* 하나의 요인에 의해 여러 종에서 진화가 발생하는 현상을 말한다. 예를 들어, 꽃의 꿀을 먹는 새와 그 새가 꽃가루를 옮기는 식물 간에는 공진화가 일어날 수 있다.

새와 인간의 공통점

야마기와 영장류의 조상은 나무 위에서 생활했기 때문에 새와 비슷한 점도 있었어요.

스즈키 과일을 먹는 것 말고도 공통점이 있었나요?

야마기와 맞아요. 포유류가 밤의 세계에서 살던 시절에는 시각이 별로 도움이 되지 않았기 때문에 후각과 청각에 의존해서 살아갔을 겁니다. 지금도 야행성 동물은 후각과 청각이 예민하잖아요.

그런데 포유류가 낮의 세계로 진출했습니다. 원래 나무 위는 바람이 불다 보니 후각이 큰 도움이 되지 않았고, 그 대신 시각이 더 중요한 역할을 하게 된 겁니다.

스즈키 아, 감각 기관과 지각의 진화군요.

야마기와 그렇게 해서 영장류는 시각과 청각에 의존하며 살기 시작했어요. 그리고 시각과 청각에 의존한다는 점은 새들도 마찬가지랍니다.

스즈키 확실히 많은 새들이 시각과 청각에 의존해서 세상을 인식하고 있어요. 이건 주행성 영장류와 비슷하네요.

조류 중에서도 야행성 종, 예를 들어 뉴질랜드의 키위 같은 새들은 후각이 상당히 발달했죠. 어떤 감각 기관에 의존하느냐는 각 종의 활동 시간대와 크게 연관이 있을 것 같아요.

야마기와 그 부분은 커뮤니케이션에서도 공통점이 있어요. 인간도 새도 시각과 청각을 중시하며 소통합니다. 지금 스즈키 씨와 저도 음성과 제스처를 통해 대화를 나누고 있잖아요.

스즈키 그렇죠. 새와 인간은 참 비슷하다고 생각합니다. 저는 활동 시간대뿐만 아니라 천적의 존재도 크게 작용한다고 생각해요. 키위를 비롯해 뉴질랜드의 새들은 냄새를 이용해 소통하는 경우가 많은데, 이는 냄새를 통해 새를 사냥하는 포유류 천적이 없었기 때문이라고 합니다. 실제로 키위는 비행 능력까지 잃었으니까요.

즉, 커뮤니케이션에 사용하는 감각기관은 천적의 존재와도 관련이 있는 것 같아요.

야마기와 그럴 가능성도 충분히 있겠네요.

스즈키 하지만 지금 뉴질랜드는 족제비나 고양이 같은 외래종이 침입하면서, 냄새를 내는 새들이 큰 위기에 처해 있습니다.

새와 갈라선 인간

야마기와 영장류와 새 사이에는 큰 차이도 있습니다. 영장류는 날 수 없기 때문에 새만큼 이동의 자유도가 없어요. 나무에서 나무로 이동하려면 한 번 땅으로 내려오거나 가지를 타고 이동해야 하죠.

스즈키 듣고 보니 그렇네요. 새처럼 자유롭게 이동할 수 없군요.

야마기와 저는 그것이 인간과 새의 커뮤니케이션 방식이 갈라지게 된 분수령이라고 생각합니다. 인간이 새와 결별하게 된 지점이 바로 그거예요.

스즈키 그게 무슨 뜻인가요?

야마기와 하늘을 자유롭게 날아다니는 새에게는 제스처나 시선 같은 시각적인 커뮤니케이션보다는, 날고 있으면서도 발신과 수신이 가능한 음성이 더 적합했을 겁니다.

스즈키 확실히 새들은 나뭇가지에 앉아 울 뿐만 아니라, 날아다니면서도 울음소리로 소통하죠. 자유롭게 날 수 있다 보니 상대를 시각적으로 따라가기 어렵고, 그래서 울음소리를 사용하는 것일지도 모르겠네요.

야마기와 하지만 영장류는 날 수 없습니다. 게다가 몸이 커지면서 지상으로 내려와 무리를 이루게 되었죠.

그 결과 제가 관찰해 온 영장류는 모두 넓은 의미의 제스처, 즉 시각적 커뮤니케이션 수단을 가장 중요하게 여기고 있습니다. 울거나 물건을 두드리는 등 청각도 사용하지만, 어디까지나 보조적인 역할입니다.

즉, 우리 인간도 시각적 커뮤니케이션을 중시하는 동물이라는 겁니다.

스즈키 그렇군요! 아, 조금 감동했습니다. 우리가 시각적 커뮤니케이션을 중시하는 건, 주행성이고 날지 못하기 때문이라는 거군요. 새들 중에서도 공작이나 오리처럼 날지 않고 평면에서 무리를 이루는 종에서는 시각적 소통이 발달했을 가능성도 있을 것 같아요. 시각적인 표현도 많이 사용하니까요.

야마기와 게다가 인간은, 아까 말했듯이, 직립 이족보행으로 두 손도 자유로워졌기 때문에 더욱 그렇습니다. 우리는 춤추는 동물이기도 하죠. 아니, "그랬다”라고 해야 할까요. 현대인은 노래와 춤을 잊어버렸으니까요.

문자에서
흘러내리는 것들

스즈키 항상 생각하는 건데, 문자의 발명은 정말 대단한 일이에요. 음성 언어는 그 순간, 그 장소에 있는 상대에게만 메시지를 전달할 수 있지만, 문자가 생겨난 덕분에 시공간을 초월한 커뮤니케이션이 가능해졌죠.

현대 사회를 지탱하는 과학도 기술도, 문명도 문자 덕분에 발전했다고 해도 과언이 아니라고 생각합니다. 문자가 없었다면, 달에 사람을 보내는 일도, AI를 만드는 일도 불가능했을 겁니다.

문자를 사용하는 동물은 인간 이외에는 알려져 있지 않으니까요.

야마기와 맞습니다. 하지만 그것은 동시에 인간의 사고 자체가 문자에 의해 제약받게 되었다는 의미이기도 합니다. 문자는 지극히 강력한 도구이지만, 그 도구를 만들어낸 탓에 오히려 제한을 받게 된 거죠.

스즈키 문자가 항상 좋은 점만 있는 건 아니란 말인가요?

야마기와 예를 들어, 지금 이렇게 스즈키 씨와 마주 앉아 이야기하고 있는데, 우리가 단순히 말만 주고받고 있는 건 아니잖아요. 의식적으로든 무의식적으로든 표정이나 억양, 약간의 몸짓 같은 비언어적 커뮤니케이션도 활용하고 있습니다.

아니, "인간은 시각적 커뮤니케이션의 동물이다"라는 원칙으로 돌아가 본다면, 오히려 비언어적 커뮤니케이션이 주체일지도 모릅니다.

스즈키 확실히 표정 하나만으로도 말의 의미가 크게 달라질 수 있죠. 환한 미소를 지으며 "기뻐요, 고마워요!"라고 말할 때와, 무표정으로 같은 말을 할 때는 의미가 전혀 다르죠. 말보다 표정이 진짜 감정을 더 잘 전달하는 경우가 많습니다.

야마기와 하지만 예를 들어, 이메일처럼 문자가 되는 순간 비언어적인 정보는 전부 생략됩니다. 제가 지금 어떤 표정을 짓고 있는지는 문자로는 표현할 수 없으니까요.

스즈키 목소리의 억양도 전달되지 않아서, 어떤 감정으로 말하고 있는지 이해하기가 어렵죠. 그래서 이모티콘이나 얼굴 문자를 사용하는 거겠죠. 다만, 비즈

니스 이메일에서는 이모티콘을 잘 사용하지 않으니까 아무래도 딱딱한 느낌이 들게 됩니다. 표정이나 몸짓을 통한 소통이 본질적인 커뮤니케이션 방법임에도 말이죠. 저는 그런 점이 조금 서투릅니다(웃음).

야마기와 그리고 문자로 바뀌면, 실제 대화에서는 흔히 있는 동시 발화, 그러니까 스즈키 씨와 제가 동시에 말을 겹쳐 하는 것 같은 순간들도 책에서는 표현할 수 없죠.

스즈키 맞아요. 실제 대화에서는 서로 말하는 타이밍까지 의식하면서 발화를 주고받잖아요.

야마기와 물론 문자로 논리를 전달할 수는 있겠죠. 하지만 본래 논리라는 것은 단순히 쓰여진 문자만이 아니라, 몸짓이나 억양, 맥락 같은 다양한 커뮤니케이션 수단에 의해 만들어지는 것이었을 겁니다.

그런데 지금은 거꾸로 문자가 논리를 만들어 버리고 있어요. 문자와 논리의 역할이 뒤바뀌어 버린 겁니다.

스즈키 게다가 문자는 제한된 정보만 전달할 수 있기 때문에, 문자에서 얻는 인상도 사람마다 완전히 다를 수 있죠. "불쌍하다"라는 단어에서 제가 얻는 인상과 야마기와 선생님이 얻는 인상은 크게 다를지도 몰라요.

대면 커뮤니케이션에서는 같은 상황을 공유하니까

그런 오해는 잘 생기지 않는데, 우리가 문자를 의지하게 되면서 편리함과 동시에 중요한 무언가를 잃고 있는 것 같아요.

인간의 뇌는 작아지고 있다

야마기와 진화 과정에서 뇌가 커졌다는 이야기를 했었는데, 사실 우리 인간의 뇌는 지난 1만 년 동안 작아지고 있습니다.

40만 년 전에 살았던 호모 하이델베르겐시스* 단계에서 이미 현대인과 같은 크기의 뇌를 갖췄고, 네안데르탈인은 현대인보다 조금 더 큰 뇌를 가지고 있었지만, 그것이 점점 작아지고 있는 거죠.

그 이유는 간단합니다. 인간은 뇌 외부에 저장되는 데이터베이스를 많이 확보했기 때문이죠. 그 대표적인 예가 바로 문자입니다. 문자를 통해 기록하면 기억할 필요가 없어지니까요.

스즈키 확실히 그렇죠. 현대에는 컴퓨터와 스마트폰

---

* 60만~40만 년 전쯤 살았던 인간의 한 종. 이후 호모 사피엔스로 진화했다. 때로는 호모 에렉투스에 포함시키기도 한다.

이 보급되면서 뇌에 기억할 필요성이 점점 없어지고 있는 것 같아요.

야마기와 지도나 스마트폰의 지도 앱이 널리 퍼지면서 지리적 감각이 무뎌질 수도 있을 겁니다.

스즈키 맞아요. 예전에 지도가 없던 시절에는 길을 잃지 않도록 지금 어디를 걷고 있는지 항상 의식했을 테니까요. 저도 전파가 닿지 않는 깊은 산속에서 새를 쫓을 때는 도시에 있을 때보다 지리 감각이 예민해지는 것을 느낍니다. 도시에선 길을 잃어도 산속에서는 길을 잃지 않아요. 무의식적으로 자신의 위치를 파악하고 있는 거겠죠. 그것이 어쩌면 인간 본래의 모습일지도 모릅니다.

인터넷상의 지식도 말 그대로 외장형 데이터베이스 그 자체입니다. 간단한 키워드만 입력하면 바로 어떤 답이든 나오니까요. 요즘은 사람에게 물어보는 것보다 검색하는 게 빠르고 효율적입니다.

하지만 저는 이것이 큰 문제라고 생각해요. 왜냐하면, 연구나 예술 같은 창의적인 것은 누군가가 이미 생각해 낸 것, 즉 문자화된 검색 결과에서 나오는 게 아니기 때문입니다. 각기 다른 경험을 가진 개인의 뇌가 창조하는 건데, 그 뇌의 능력이 쇠퇴한다면 인류의 미래는 밝지 않을 거예요.

야마기와 맞습니다. 하지만 해결책은 반드시 있을 거예요. 현대 사회가 누리는 편리함과 과학 기술을 버릴 수는 없습니다. 대신, 그것들을 현명하게 사용하는 방법을 찾으면 됩니다.

동물의 언어에서 시작한 저와 스즈키 씨의 대화는, 인간 언어의 폭주에 대처하는 방법을 제시하며 끝맺고 싶습니다.

분리하는 언어와 연결하는 언어

야마기와 인간 언어의 특징으로, 사물을 '분리하는' 힘과 '연결하는' 힘을 동시에 지니고 있다는 점을 꼽을 수 있습니다. 언어를 사용하면, 예를 들어 '생물', '동물', '새', '박새'처럼 세상에 존재하는 것들을 점점 세분화할 수 있죠. 이것이 바로 분리하는 힘입니다. 하지만 반대로, 한데 묶을 수도 있습니다. 제 앞에 있는 찻잔과 스즈키 씨가 들고 있는 페트병은 모양도 소재도 다르지만, '그릇'이라는 말을 쓰면 한꺼번에 묶을 수 있잖아요.

스즈키 맞아요. 세분화하면서 동시에 묶을 수도 있는, 그리고 그에 대응하는 언어가 있다는 말씀이네요.

야마기와 하지만 인간의 감정이나 감성은 그렇게 세밀하게 분리할 수는 없다고 생각합니다.

여름 저녁의 애틋하면서도 기분 좋은 그 느낌을, '매

미 소리', '섭씨 29도 바람', '습도 55%' 같은 말로 나눠 버리면 그 독특한 감각은 사라지고 말겠죠.

스즈키 언어로 단순히 정보를 나열하는 것만으로는 감성을 전달할 수 없다는 말씀이네요. 정말 그렇긴 한데, 왜 그런 걸까요?

야마기와 인간의 언어는 음악적인 언어로 큰 흐름이나 전체적인 느낌을 표현하는 단계에서 시작해, 점점 그것들을 세밀하게 분리하는 방향으로 발전해 왔기 때문이라고 생각합니다.

스즈키 음악적이고 감정적인 부분에서 언어가 파생되었다는 말씀이군요.

그러니까 단순히 단어를 나열하는 것만으로는 감정적인 요소를 충분히 보완할 수 없다는 가설이라는 거죠.

즉, 인간의 커뮤니케이션에는 아직 언어화되지 않은 음악적인 요소가 남아 있고, 단순히 언어를 배열하는 것만으로는 그것을 완전히 전달할 수 없다는 이야기네요.

야마기와 맞습니다. 그리고 세분화하는 능력과 동시에, 조금 전 예를 든 '그릇' 같은 사례에서처럼, 나눠 놓은 것들을 다시 연결하는 능력도 생겼습니다.

통합의 능력 또한 연결의 작업이라고 할 수 있겠죠.

스즈키 이해가 됩니다.

야마기와 이제 방금 한 이야기를 또 다른 각도에서 표현해 보겠습니다. 예를 들어, '달리다'라는 단어가 있습니다. 그런데 인간이 달리는 것과 고릴라가 달리는 것, 그리고 티라노사우루스가 달리는 것은 전혀 다른 현상이잖아요.

그럼에도 불구하고 이를 한 단어, '달리다'로 표현함으로써 매번 다른 표현을 사용하는 수고를 덜고 있는 셈입니다.

스즈키 움직임의 공통점을 바탕으로 '달리다'라는 말을 사용하는 거군요.

야마기와 다만, 그 대가로 생물마다 달리는 방식의 미세한 차이는 배제되고 있습니다.

스즈키 수고를 덜기 위해 정보의 일부를 포기하는 것이군요.

야마기와 하지만 우리는 그 부족한 정보를 보완할 수 있는 능력을 가지고 있어요. 예를 들어, 인간이 달리는 것과 고릴라가 달리는 것을 본 적은 있지만 티라노사우루스가 달리는 것을 본 적은 없으니 상상할 수 없어야 하잖아요?

그런데도 어딘가 모르게 이미지가 떠오르는 이유

는, "티라노사우루스는 두 발로 걷고, 새와 가까운 생물이니 아마도 타조가 달리는 모습과 비슷하지 않을까?" 하고 비슷한 대상을 통해 유추할 수 있기 때문이에요.

스즈키 이 경우는 영상적 유추라고 볼 수 있겠네요?

야마기와 맞아요. 사람의 상상은 언어 자체가 아니라, 언어로 불러일으켜진 이미지나 영상이죠.

스즈키 그리고 그 영상을 연결해서 '달리는 티라노사우루스'를 머릿속에 투영할 수 있는 거군요.

야마기와 즉, 인간의 언어는 효율성을 위해 많은 정보를 배제하고 있지만, 영상적 아날로지를 통해 나중에 이를 보충할 수 있어요. 그 덕분에 언어가 성립된다고도 볼 수 있죠.

스즈키 그렇군요. 아날로지 덕분에 다양한 언어적 표현이 가능해진 거네요.

야마기와 그리고 아날로지를 통한 보충은 방금 말한 언어의 기능, 즉 '연결하는 힘'에서 비롯된 것이라 생각해요.

한 번 나눠 놓은 것을 다시 재구성하는 힘이죠. 조금 더 비약해서 말하자면, 이야기를 만들어 내는 능력이라고 해도 될 겁니다.

동물은 이야기를 만들지 않는가?

야마기와 인간의 언어에는 사물을 세분화하고 표현을 효율화하는 힘이 있지만, 가장 큰 특징은 이야기로 만드는 힘이라고 생각합니다. 왜냐하면, 동물들에게는 이러한 이야기를 구성하는 힘이 거의 없다고 느껴지기 때문이죠.

동물들은 개별적인 사건들을 인과 관계 등의 이야기로 연결하지 않고, 각각 따로따로 머릿속에 담고 있는 게 아닐까요?

스즈키 동물의 기억은 특정 장면에 국한된 스냅샷 같은 것일까요?

야마기와 그렇습니다. 동물은 개별적인 스냅샷을 이야기로 연결해서 머릿속에서 재현하지 않는 것 같아요.

스즈키 그렇군요. 확실히, 언어에서 얻은 정보를 연결하고, 더 나아가 비유 등을 활용해 이야기를 만드는 능력은 인간이 잘하는 부분이라고 생각합니다.

예전에 제가 동물과 인간 언어의 가장 큰 차이는 '지금'과 '여기'에 없는 것을 말할 수 있는가라고 말씀드렸었죠.

동물에 비해, 인간은 사건을 이야기로 기억하는 데 뛰어나다. 동물이 "지금"이나 "여기" 이외의 커뮤니케이션을 하지 않는 이유는 이러한 특성과도 관련이 있을 것으로 보인다.

이것은 바로 이 '스토리화' 능력과 깊은 관련이 있다고 봅니다. '지금'이나 '여기' 이외의 것, 즉 눈앞에 없는 것을 상상해서 말하려면, 머릿속에서 정보를 재구성하고 이야기를 만들어야 하기 때문이죠.

제가 오랫동안 새들을 관찰했지만, 그들의 커뮤니케이션 내용은 대부분 눈앞의 암컷에게 구애한다거나, 천적이 왔으니 경계하자 같은 그 장소와 그 시점에 한정되어 있는 경우가 많았습니다.

과거나 미래에 대해 이야기하거나 공상한다는 증거는 현재로서는 없는 상태입니다.

야마기와 맞아요. 고릴라 '마이클'에게 수화를 가르쳤더니 과거를 이야기하기 시작한 적이 있었죠. 그러니까 동물의 뇌에 과거의 사건이 없는 건 아닙니다.

하지만 수화를 배우기 전에는 단순히 기억으로 머릿속에 저장되어 있을 뿐이었어요. 언어가 없으면 그것을 이야기로 정리할 수가 없는 겁니다.

스즈키 그럴지도 모르겠습니다. 새의 경우, 에피소드 기억이 있다는 것은 알려져 있지만, 그것을 이야기로 엮어 내고 있다고는 말할 수 없을 것 같아요.

유명한 예로 '캘리포니아 덤불어치'가 있는데, 그 새는 언제, 어디에, 어떤 먹이를 숨겼는지를 기억할 수 있다는 것이 실험적으로 증명되었습니다.

하지만, 만약 그것을 다른 개체에게 전달한다고 하면, '어제', '쓰러진 나무', '호두'와 같은 단편적인 단어를 나열하더라도 제대로 전달되지 않을 겁니다.

그건 단순히 정보의 나열에 불과하고, 단어 간의 연관성이 명확하지 않기 때문에 이야기가 되지 않아요.

단편적인 정보를 '어제 쓰러진 나무에 호두를 저장했다'는 이야기로 엮어낼 수 있는 능력은, 인간이 특히 잘하는 부분이고, 다른 동물들에게서는 좀처럼 보기 어려운 것일지도 모릅니다.

X(트위터)가 불타는 이유

야마기와 언어의 발명은 대단한 일이지만, 언어로 인해 생략된 정보가 많다는 점도 잊어서는 안 됩니다.

스즈키 맞습니다. 저도 언어가 완벽하지 않다는 것을 자주 느껴요. 예를 들어, 트위터와 같은 텍스트 기반의 SNS에서 논란이 발생하는 것도, 글자에 의해 생략된 정보를 사람들이 각자 상상으로 보완할 때, 그 상상이 사람마다 다르기 때문이겠죠.

이전에 '좋아'라는 표현의 의미가 맥락에 따라 달라진다는 이야기를 했었는데, 그와 비슷한 겁니다. '좋아'를 허락으로 받아들이는 사람과 거절로 해석하는 사람이 같은 장소에 있다면, 논란이 발생하는 것도 이상하지 않겠죠.

야마기와 말로 하는 언어와 글로 쓰인 언어의 차이도 크죠. 예전에는 글자가 없었기 때문에 언어란 말하는 것이었습니다. 그렇기 때문에 말에는 화자의 몸짓, 음조, 톤, 제스처 등 다양한 정보가 함께 담겼었죠.

그런데 지금은, 정보를 생략한 텍스트라는 형태가 주류가 되었고, 더구나 인터넷에서 순식간에 퍼질 수 있습니다.

이 변화는 인류 역사에서도 굉장히 급격한 겁니다.

스즈키 인터넷의 발명에서 스마트폰의 보급까지는 불과 수십 년이죠. 그렇게 갑작스럽게 문자가 주류가 된 영향은 단순히 논란이나 보도의 엇갈림뿐 아니라 여러 곳에서 드러나고 있다고 생각합니다.

그리고 제가 지금 가장 걱정하는 것은, 언어에 지나치게 의존하게 되면서 '맥락을 읽어 내는 힘'이 퇴화하고 있는 것이 아닐까 하는 점이에요.

예를 들어, 이전에 야마기와 선생님이 추천해 주셨던 영화 〈혹성 탈출〉을 보았는데, 확실히 재미있었지만 요즘 유행하는 영상 작품들과는 꽤 다르다는 느낌도 들었어요.

그 이유는, 대사를 통해 설명하지 않고 관객에게 상상하게 만드는 장면이 많았기 때문이에요.

야마기와 같은 1968년에 제작된 SF 영화 〈2001 스페

이스 오디세이*〉에도 그런 장면이 많죠.

특히 도입부 장면이 유명합니다. 도구를 사용하지 못했던 원시 인류가 우주에서 온 정체불명의 물체에 접촉한 후 동물의 뼈를 무기로 사용하는 지능을 얻게 되고, 적대적인 집단을 뼈로 무참히 공격합니다. 그리고 그 뼈를 던지는 순간 화면이 전환되어 우주에 떠 있는 우주선으로 바뀌죠.

이 장면은 도구와 지능의 진화를 상징적으로 표현한 거예요. 하지만 그 과정에서 말로 설명하는 장면은 전혀 없어요. 시청자들이 상상하도록 유도하죠. "이렇게 해서 인류는 도구를 손에 넣었고, 마침내 우주선까지 만들게 되었다." 같은 설명은 전혀 나오지 않습니다.

스즈키 하지만 야마기와 선생님, 최근에 히트한 애니메이션 같은 걸 보면, 모든 걸 처음부터 끝까지 말로 설명하더라고요.

"아까 적에게 공격당한 팔이 아프지만, 난 질 수 없어. 왜냐하면 난 장남이니까……."

이런 식으로 주인공의 심리까지 전부 말로 풀어서

* 스탠리 큐브릭 감독의 SF 영화(1968). 인류의 진화와 미지의 지성을 다룬 철학적인 주제의 작품.

시청자에게 전달하는 거죠.

야마기와 그런 상황이 되었군요. 말로 설명하지 않으면 전달되지 않는다는 뜻이겠네요.

스즈키 시청자들이 언어적 설명을 선호하는 겁니다. 맥락을 읽는 힘을 사용하기보다는, 말로 간단히 이해하려는 시대적 흐름이 있는 거죠.

야마기와 과도한 설명은 1995년 방영을 시작한 애니메이션 〈신세기 에반게리온*〉에서 시작된 것 같아요.

스즈키 그럴지도 모르겠네요. 주인공이 전철 안에서 자기 내면의 심정을 토로하는 심리 묘사가 여러 번 나왔죠.

그러고 보니 1996년은 '윈도우 95'가 출시되고 인터넷이 급격히 보급되기 시작한 시기이기도 했습니다.

디지털화된 문자로 의사소통이 이루어지는 사회에서는 맥락을 읽는 능력보다는 언어적 정보를 처리하는 능력이 더 중시되고 있는 것 같아요. 그렇지만 그렇게 해서는 진정한 의미의 공감이 생겨날 수 없다고 생각하는데, 그런 시대가 다가온 걸까요?

---

* SF 로봇 애니메이션. 범용 인간형 결전 병기 '에반게리온'의 파일럿이 된 14세 소년 소녀들과, 침략해 오는 정체불명의 적 '사도'와의 싸움을 그린 작품으로, 큰 인기를 끌며 사회적 현상이 되었다.

언어로는 표현할 수 없는 것

야마기와 그렇지만 이렇게까지 언어에 의존하는 사회가 되었어도, 아무리 해도 언어만으로 표현할 수 없는 것이 남아 있습니다.

그것이 바로 '식(食)'과 '성(性)'입니다. 물론, 양념이 어떻다거나, 불 조절이 어떻다거나 하면서 음식에 대해 말로 표현할 수는 있습니다. 하지만 '맛있음'이라는 감각은 신체와 직결되어 있어서, 말만으로는 그것을 완전히 재현하는 것은 불가능합니다.

스즈키 정말 그렇습니다. 음식은 직접 먹어 보지 않으면 만족감을 느낄 수 없습니다. 감각을 즐기는 것이니까요.

야마기와 '성(性)'도 마찬가지입니다. 인간도 동물도 살아가는 데 없어서는 안 될 '식(食)'과 '성(性)'만큼은 언어로 대체할 수 없습니다.

물론, 대체할 수 있다고 착각할 순 있겠지요. 옛날 포르노 영화는 정말 길었고, 서로의 관계나 섹스로 이어지기까지의 맥락을 세심하게 그렸지만, 요즘 포르노는 점점 짧아져서 섹스 장면만 남게 되었습니다.

그것만으로 만족한 듯한 착각은 생길 수도 있겠지만, 그것은 어디까지나 착각일 뿐입니다.

스즈키 제가 우려했던 맥락을 읽는 능력의 쇠퇴가 포르노 영화에까지 영향을 미쳤다니 놀랍네요.

야마기와 영화나 책의 요약만 보고 다 안다고 착각하는 게 요즘 유행이라는데, 그것도 같은 맥락이죠. 직접 체험한 건 아니잖아요.

스즈키 언어화된 정보를 얻는 것에 너무 익숙해져 버린 거네요. 그래서 그것만으로 만족할 수 있다고 착각하는 거고요.

야마기와 맞습니다. 맥락을 잘라 내면 그 잘린 부분을 말로 설명하지 않으면 이해가 어려워집니다.

결국 인간은 점점 더 언어에 의존하게 되는 겁니다.

스즈키 맥락을 이해하는 능력은 고릴라도, 침팬지도, 보노보도, 우리의 가까운 친척 종들이 모두 커뮤니케이션 속에서 발휘하는 능력이잖아요. 우리도 불과 얼마 전까지는 잘할 수 있었는데, 언어 중심의 사회로 바뀌면서 어느새 그 능력이 쇠퇴해 버린 거죠. 그게 SNS상의 논란이나 여러 문제로 이어지고 있는 것 같아요.

야마기와 타인의 감정이나 기분 같은 문자로 표현되지 않는 것을 경시하는 사회가 되어 버렸습니다.

스즈키 문화나 사회가 바뀌더라도, 우리의 신체는 그렇게 빠르게 진화할 수 없잖아요.

맥락보다는 언어를 중시하는 사회가 사람들에게 더 많은 스트레스를 주고 있는 것 아닐까요? 큰 문제라고 생각합니다.

공감이 필요 없는 계약

야마기와 언어에 의해, 도덕도 위기에 처해 있다고 생각합니다. 미덕이 진화하여 도덕이 되었다는 이야기를 했지만, 본래 도덕은 반드시 명문화된 규칙이 아니라 몸에 스며든 것이었습니다.

스즈키 그건 체화된 도덕이라는 거군요.

야마기와 그런데 명문화된 법이나 규칙이 독립적으로 움직이기 시작하면서, 규칙에 어긋나지 않으면 무엇을 해도 괜찮다는 식으로 되어 버렸죠. 합법적이라면 무엇을 해도 괜찮다는 겁니다.

스즈키 법에는 어긋나지 않을지도 모르지만, 그런 사회는 스트레스가 많아질 수밖에 없죠.

야마기와 모든 악의 근원은 계약의 등장에 있지 않을까요? 문자로 작성된 계약이라는 관습은 고대 지중해 동쪽 연안의 페니키아*에서 시작되어 전 세계로 퍼져 나갔습니다. 그런데 이 계약이라는 것이 공감을 불필요하게 만들어 버렸습니다.

"이것이 약속한 내용 맞죠?"라는 계약서만 있으면 상대방을 배려하거나 공감할 필요가 없습니다. 계약은 상대방의 감정과는 무관하게 성립되는 것이니까요.

스즈키 인간의 언어는 편리한 측면도 있지만, 너무 의존한 탓에 공감할 기회가 줄어든 것은 심각한 문제네요.

야마기와 일본에서는 원래 혈연, 지연, 사연이 공동체를 형성했었습니다.

지연은 거주 지역으로 맺어진 연, 즉 이웃 관계를 뜻하고, 사연은 회사 동료와 같은 관계를 말합니다.

그러나 이런 연결은 급격히 희미해졌습니다. 이는 인간 집단의 규모가 극단적으로 커졌고, 언어가 독자적으로 움직이면서 개체 간 사회적 그루밍이 어려워졌기 때문이라고 생각합니다.

그래서 현대 사회에서는, 언어화되지 않은 감정이

---

* 고대 지중해 동쪽 연안을 가리키는 고유 명칭. 오리엔트 문명과 에게 문명의 혼합 문화가 번성했던 지역으로, 이 시기에 알파벳도 발명되었다.

나 맥락을 읽는 것보다 명문화된 규칙이나 제도에 의존하는 것이 더 살기 쉬운 방법이 되었죠. 이제는 새로운 연결이 필요합니다.

스즈키 어떻게 하면 좋을까요?

야마기와 원점으로 돌아가야 한다고 생각합니다. 제가 여러 차례 춤 이야기를 했지만, 인간이 유인원으로부터 이어받은 연을 맺는 방법은 신체를 공명시키는 것이었습니다.

현대에도, 신체를 공명시키는 경험을 한 사람들 또는 집단은 강한 유대를 가지고 있습니다.

예를 들어 스포츠 팀, 함께 음악을 연주하는 그룹, 학교 동창 같은 경우입니다.

그들은 언어로 연결되어 있는 것이 아닙니다. 그들의 강한 유대는 함께 몸으로 경험했던 것에서 비롯된 거죠.

스즈키 그렇군요. 저는 개를 산책시키다 보면 다른 사람도 개를 데리고 나오는 경우를 자주 마주칩니다. 그러다 보면 어느새 친구 같은 관계가 되어, 개를 데리고 나온 사람들끼리의 커뮤니티가 형성됩니다. 산책 도중 개를 키우면서 생긴 일 등을 이야기하며 교류하게 되죠.

개 산책이라는 행위를 통해 공감이 생겨나는 것 같아요.

야마기와 기술을 통해서는 연을 만들 수 없습니다. 로빈 던바가 말했듯이, 인간 공동체의 크기는 대략 150명 정도가 한계이며, 그보다 큰 집단은 착각에 불과하죠.

스즈키 기술이 발전하더라도, 인간 뇌의 수용 한계는 변하지 않는다는 말씀이군요.

야마기와 국가가 그 좋은 예입니다. 우리는 일본이라는 공동체가 존재한다고 생각하지만, 사실 도호쿠와 오키나와는 기후, 음식, 문화 등 모든 것이 다릅니다. 그럼에도 불구하고 국가라는 공동체가 존재한다고 착각하게 되는 것은, 미디어의 힘 때문 아닐까요?

매일같이 "일본이 이렇다", "일본인이 저렇다"는 보도를 해 주기 때문이죠.

하지만 지금은 그 미디어의 영향력조차 약해졌고, 베네딕트 앤더슨이 말했던 '상상의 공동체*'마저 사라져 가고 있습니다.

* 미국의 정치학자 베네딕트 앤더슨의 저서 『상상의 공동체』에서 유래된 개념으로, 국민이라는 개념은 인위적으로 창조된 허구라고 설명하며, 민족주의의 기원을 논한 책입니다.

무력한 현대인

야마기와 그래서 현대인은 무력합니다. 동물들은 야생에서 살아갈 수 있죠. 수렵 채집 생활을 하는 인간 역시 마찬가지입니다. 제 유인원 연구를 돕는 아프리카 수렵 채집민은 사냥도 할 줄 알고, 요리도 하고, 집도 짓습니다. 인간도 본래 그런 동물이었죠.

하지만 농경과 목축이 시작되고, 집단이 커지며 도시가 만들어지고, 언어를 기반으로 한 시스템이 지배적이 되면서, 인간은 점점 무력해졌습니다. 대도시에 사는 현대인은 그저 시스템에 의존하고 있을 뿐, 사냥도 못 하고, 집도 지을 줄 모르며, 혼자 살아갈 수 없는 존재가 되어 버렸습니다.

스즈키 지방은 아직 좀 다를 수도 있겠네요. 채취한 산나물이나 사냥한 동물을 먹는 지역도 많고, 직접 집을 짓는 사람들도 있습니다. 하지만 도시에선 그런 사람들이 거의 보이지 않죠…….

야마기와 그렇습니다. 하지만 전 세계 인구의 절반이 도시에 살고 있으니, 인류의 절반은 사실상 무력하다고 봐야 합니다.

스즈키 그 결과 인간은 점점 더 동물과 단절되겠네요. 도시에서는 '인간 대 동물'이라는 이분법적 사고가 아주 강해지는 것 같습니다.

야마기와 그렇죠. 정글에서 텐트를 치고 살다 보면 고릴라는 물론 코끼리나 원숭이 같은 동물들도 텐트 바로 근처까지 찾아옵니다. 인간은 본래 이렇게 동물들과 함께 살아가는 존재였죠.

스즈키 저도 숲속에서 새들과 함께 지내다 보면, 인간과 동물 사이에 그런 본래의 연결을 자주 느낍니다.

인간에게 적절한 거리

야마기와 더 나아가, 2020년 시작된 신종 코로나바이러스 팬데믹은 인간의 공동체와 공감 능력 약화를 더욱 가속화했을지도 모릅니다.

다른 사람과 직접 만나는 기회가 줄어들고, 악수나 포옹 같은 행위도 사라졌으니, 사람들의 심리적 연대가 상당히 약해졌을 겁니다. 마스크로 인해 상대방의 표정을 읽을 수 없게 된 점도 마찬가지로 큰 영향을 미쳤다고 생각합니다.

스즈키 사회적 거리 두기를 요구받았지만, 인간을 포함한 동물들에게는 적절한 소통 거리라는 것이 있지 않을까요?

제가 다녔던 고등학교 선생님께 들은 이야기인데요, 코로나 시국 동안 학생들과 2m 거리를 유지하라는 지시를 받으셨다고 해요.

그런데 거리를 유지하게 되자, 학생들이 갑자기 말을 하지 않게 됐다고 합니다. 아마 인간의 진화 과정에서, 인간에게 적합한 거리감이 형성됐을 거라 생각해요.

그 거리는 아마 2m보다 훨씬 가까운 거리일 겁니다. 따라서 사회적 거리 두기는 커뮤니케이션에 있어 매우 치명적일 수도 있었다고 봅니다.

야마기와 맞아요. 제 스승이자 인류학·영장류학자였던 이타니 준이치로 선생님이 1963년 발표한 논문에서 영장류의 목소리를 분류했어요. 거리와 감정의 강도라는 두 가지 축을 기준으로 4가지로 나누었습니다.

멀리 떨어진 거리에서는, 감정이 강할 경우 "짖는 소리(Barking)", 차분할 경우 "부르는 소리(Calling)". 가까운 거리에서는, 감정이 강할 경우 "부르짖음(Crying)", 평온한/차분할 경우는 "속삭임(Muttering)"으로 분류했습니다. 이타니 선생님은, 이 중에서 속삭임이 인간의 말소리로 발전했을 거라고 말씀하셨죠.

스즈키 그렇군요. 가까운 거리의 소리가 언어의 기원이라는 가설이군요.

야마기와 예를 들어, 일본원숭이가 그루밍을 하기 전에 "구구구구", "고고고고"라고 내는 소리가 바로 속삭

임입니다.

그 기능은 상대와의 화합을 위한 것이죠. 즉, “다가가도 괜찮을까요? 당신은 저를 거부하지 않으시죠?”라는 의미를 담고 있는 겁니다.

인류학 및 영장류학자 이타니 준이치로가 제안한 영장류의 울음소리 분류표. 이 분류표를 통해 속삭임(Muttering)이 인간의 언어로 이어졌다는 가설을 전개했다.

결국, 영장류의 소리에서 거리는 아주 중요한 요소라는 것을 보여 줍니다. 제가 이전에 영장류의 커뮤니케이션은 시각적인 요소가 주체이고, 소리는 부차적인 것이라고 말씀드렸는데, 근거리에서는 오히려 소리가 결정적으로 중요한 역할을 할 수 있다는 것도 충분히 가능한 이야기죠.

그렇기 때문에, 코로나 시국에서의 사회적 거리 두기는 인간에게 상당한 부담이 되었을 겁니다.

공감을 기반으로 한 인간 공동체는 점점 더 약화되고 있다고 볼 수 있겠네요.

가상이 현실을 침범하다

야마기와 현실적인 커뮤니케이션 대신 SNS나 메타버스 같은 인터넷상의 가상 공간에서의 교류, 혹은 AI와의 소통이 화제가 되고 있습니다. 하지만 저는 그것이 상당히 두려운 일이라고 생각합니다.

스즈키 두렵다고요?

야마기와 앞서 언급했듯이, 언어는 의미를 만들고 정보를 이야기로 구성하는 기능이 있습니다. 그런데 그 결과, 우리 인간은 세상을 있는 그대로 볼 수 없게 되었습니다. 언어는 단순한 도구가 아니라, 우리의 의식을 규정하는 역할을 하기 때문입니다.

예를 들어, 저기에 큰 나무판이 있다고 칩시다. 하지만 우리는 그것을 단순히 '나무판'으로 볼 수 없습니다. 먼저 떠오르는 것은 '문(door)'이라는 의미일 것입니다.

스즈키 언어에 의해 사물의 보이는 방식이나 해석 방식이 영향을 받는다는 말씀이군요.

야마기와 그렇습니다. 하지만 인간의 언어를 가지지 않은 다른 동물들에게는 저것은 그저 나무 판일 뿐입니다. 저기 있는 종이 뭉치를 담은 나무와 유리로 만든 큰 상자도 마찬가지로, '책장'이라는 의미로밖에 인식되지 않죠. 책장이라는 의미와 스토리가 우리의 의식에 먼저 떠오르기 때문입니다.

이처럼, 우리는 눈으로 사물을 보고 있다고 생각하지만 실제로는 의미나 이야기를 보고 있는 겁니다. 이는 언어에 의해 우리의 의식 그 자체가 변했기 때문이에요.

스즈키 그렇군요. 모든 사물을 카테고리화하고, 각각의 이름을 붙인 결과, 이제는 그 이름, 즉 언어가 가진 의미가 우선적으로 인식되게 되었다는 것이군요.

야마기와 맞아요. 이와 비슷한 일이 가상 공간이나 AI에 의해 발생할 가능성이 있습니다. 그쪽의 논리가 현실 세계를 침범하는 겁니다.

스즈키 구체적으로 어떤 일이 일어날 수 있을까요?

야마기와 우리가 언어로 표현할 수 없는 것들, 가상 공간에서는 표현할 수 없는 것들을 인식하지 못하게 될 가능성이 있습니다. 나무 판을 나무 판으로 받아들일 수 없게 된 것처럼요.

지금까지 현대 사회가 언어에 의존한다고 이야기해 왔지만, 공감이라든지 감정, 그리고 복잡한 맥락은 아직 완전히 사라진 것은 아닙니다. 여전히 남아 있고, 상황에 따라서는 언어보다 공감이나 감정이 우선하는 경우도 있죠.

스즈키 그렇죠. 오히려 그것이 커뮤니케이션의 본질이 아닐까 하는 이야기를 나눈 적도 있었어요.

야마기와 하지만, 가상 공간이나 AI에는 감정이나 맥락이 없어요. 마치 있는 것처럼 정교하게 가장하고 있지만, 실제로는 없죠. 아주 자연스럽게 대화하는 것처럼 보이는 AI도 결국 언어와 논리에 기반한 계산기일 뿐이에요.

저는 그것이 무섭습니다. 정교하게 현실 세계를 모방하고 있지만, 실은 언어로 표현되지 않는 감정과 신체성을 철저히 배제하고 있는 가상 공간과 AI가 존재감을 점점 키우면, 우리 인간의 뇌도 그쪽으로 끌려가서 결국 감정과 신체성을 잃게 되지 않을까 걱정이 되는 겁니다.

스즈키 확실히 AI에 의존하면서 언어의 출현으로 생겨난 문제들이 더 가속화될 가능성이 있겠네요. 공감 없는 시대, 언어화된 규칙만을 중시하고 맥락을 소홀히 하는 시대가 될 수도 있겠어요.

야마기와 그뿐만 아니라, 감정도 신체도 없는 AI는 철저히 합리적입니다. 하지만 인간은 반드시 합리적이지는 않은 존재죠. 감정이나 신체성이 합리성을 뛰어넘는 경우가 있기 때문이에요.

스즈키 어떤 예를 들 수 있을까요?

야마기와 예를 들어, 노인을 모두 안락사시키는 것이 사회에 가장 합리적이라는 결론이 나온다고 해도, 인간은 실행하지 않을 겁니다. 인간은 그렇게 합리적이지 않으니까요.

하지만, AI라면 주저 없이 실행할 겁니다. AI는 합리적이기 때문이죠.

이런 AI의 논리가 인간에게 침투하기 시작하면, 매우 두려운 일이 벌어지지 않을까요? 언어가 인간을 변화시켰던 것처럼요.

스즈키 확실히……. 우리 감정은 반드시 사회에 대해 합리적으로 작용하지는 않죠. 하지만, 우리가 가진 감정이야말로 중요한 기준이 아닐까요? 우리가 이런 감정을 지니고 있다는 건, 그것이 오랜 진화의 역사 속에서 유지되어 왔다는 것을 의미하니까요.

현대의
패러독스

야마기와 반대로, 가상 공간이나 AI에는 존재할 수 없는 것이 바로 아까 말했던 '식(食)'과 '성(性)'의 경험이죠.

스즈키 언어와 체험은 별개라는 이야기군요.

야마기와 행복도 마찬가지입니다. 행복감은 문자나 수식으로 표현할 수 없잖아요?

스즈키 맞아요. 행복은 감각에 의존하며, 사람마다 다르죠.

야마기와 그렇습니다. 그리고 동일한 개인이라도, 행복은 반복되지 않습니다. 행복한 경험은 그 순간에만 존재하며, 한 번뿐이에요.

저는 현대 사회에 기묘한 역설이 존재한다고 생각합니다. 그것은 바로, 미래 지향적이면서도 과거에 사로잡혀 있다는 점입니다.

스즈키 무슨 의미인가요?

야마기와 예를 들어, AI는 방대한 데이터를 학습하여 미래를 예측할 수 있죠. 그것이 AI의 놀라운 점입니다.

하지만 잘 생각해 보면, 데이터는 모두 과거의 것이잖아요. AI뿐만 아니라, 미래를 정밀하게 예측하려고 하면 할수록 과거에 의존하게 됩니다. 이것이 역설입니다. 과연 그게 올바를까요?

반대로, 예측할 수 없는 것, 재현할 수 없는 것은 가치가 낮다고 여겨지지만, 사실은 그렇지 않아요. 앞서 말했던 행복도 마찬가지로, 예측할 수 없고, 재현할 수도 없죠.

스즈키 예측할 수 없고 재현되지 않기 때문에, 매 순간의 행복감에 가치가 있는 거겠죠.

야마기와 사실, 언어도 마찬가지입니다. 언어는 억양이나 맥락에 따라 의미가 달라지기 때문에, 같은 말은 두 번 다시 사용되지 않아요.

AI는 세계에 재현 가능성이 있다는 전제 아래 만들어졌지만, 실제로는 그렇지 않죠.

스즈키 정말 그 말씀이 맞아요. 우리는 AI에 너무 의존해서는 안 되고, 그 위험성을 염두에 두고 조심스럽게 AI를 활용해야 한다고 생각합니다.

새로운 사교

스즈키 그렇지만, 인간의 언어와 기술이 편리하다는 점은 변함없죠. 이 편리함과 인간이 원래 가지고 있던 공감 능력을 조화롭게 유지하려면 어떻게 해야 할까요?

야마기와 답은 간단합니다. 신체성을 잊지 않고 새로운 사교 방식을 만들면 된다고 생각합니다.

온라인만으로는 인연을 만들 수 없지만, 한 번 만나서 식사를 함께하거나, 즉 신체 활동으로 공감을 나눈 상대라면 이후에는 온라인상의 교류로 전환해도 괜찮다고 봐요.

처음부터 온라인으로만 시작하는 건 어렵지만, 신체성이 중요하다는 점을 염두에 두고 기술도 활용한 사교 방식을 만들어 나가면 됩니다.

스즈키 그렇군요. 확실히 아는 사람과 온라인 회의를 하는 것과, 처음 만난 사람과 온라인만으로 연결되는 건 전혀 다른 느낌이죠.

야마기와 또 하나 기술을 잘 활용하는 방법이 있습니다. 인간에게 적합한 집단의 크기가 약 150명이라고 말씀드렸죠. 하지만 유인원과는 다른 인간의 특징은 동시에 다양한 집단에 속하거나, 집단과의 관계를 자유롭게 설정할 수 있다는 점이에요.

스즈키 그러니까, 흩어졌다 모였다 하는 군집 사회라는 거군요.

야마기와 기술은 이런 강점을 더욱 강화시켜 줄 수 있어요. 비행기나 자동차가 있다면 쉽게 멀리 갈 수 있고, 스마트폰의 자동 번역 기능을 활용하면 해외에서도 소통이 훨씬 수월해질 겁니다. 또는 인터넷을 통해 지구 반대편에 있는 사람과 실시간으로 일할 수도 있죠.

전통적인 혈연, 지연, 사연의 연결은 약화되었지만, 기술을 사용해 새로운 인연을 계속 만들어 가면 되는 거예요. 문제는 그 사용법을 잘못 이해하거나 활용하지 못할 때 발생하는 겁니다.

스즈키 정말 그렇네요. 여행 하나만 보더라도, 무엇인가를 보는 것을 목적으로 삼는 것도 좋지만, 누군가를 만나거나 함께 무언가를 하는 데 초점을 맞춘다면 훨씬 더 좋은 추억이 될 거라고 생각합니다.

야마기와 인연을 만들기 위해서는 실제로 만나서 시간을 들여 신체 활동을 함께하는 경험이 중요하다는 점을 잊지 말아야 합니다. 그리고 인간의 강점을 활용해 다양한 공동체에 동시에 속하면 좋겠어요.

저 역시 아프리카에 가면 스와힐리어를 사용하고, 영어권에서는 잘하지는 못해도 영어로 소통합니다. 그렇게 다양한 집단과 인연을 맺어 왔어요. 물론 몸짓이나 제스처도 많이 활용했죠.

다양한 자신을 가질 수 있는 것, 그것이 인간의 강점이며, 이를 위해 우리에게 언어가 있는 거예요.

동물 연구를 통해 인간의 본성을 엿보다

스즈키 언어의 폭주로 인해 뒤처지고 있는 것은 우리 연구자들도 마찬가지일지 모릅니다. 현대 사회가 과거에 얽매여 있다는 이야기가 나왔는데, 현재의 연구도 딱 그 모습이에요. 인터넷으로 선행 연구를 쉽게 검색할 수 있으니까, 자연히 그 연장선에서 자신의 연구를 이어 가게 되죠.

하지만 제가 박새 연구를 하면서 가장 흥분되는 순간은 숲속에서 새로운 사실을 발견했을 때입니다. 어떤 책이나 논문에도 쓰여 있지 않은 새로운 발견의 순간 말이에요.

사실 제가 지금의 연구를 시작하게 된 계기도, 숲에서 새들이 다양한 울음소리를 구분해서 사용하는 세계를 체감했기 때문이지, 과거 연구를 통해 현재의 연구 주제를 찾은 것은 아니었어요. 진정한 발견은 자연

속에 있습니다.

야마기와 맞아요. 자연은 같은 일을 두 번 다시 반복하지 않아요. 그렇기 때문에 새로운 발견이 있고, 그 안에서 기쁨을 느낄 수 있는 거예요.

스즈키 정말 그렇습니다. 그게 바로 현장의 묘미죠. 저는 연구라는 것이 세상의 진리에 가까이 다가가려는 탐구 과정이라고 생각합니다.

하지만 실제로는, 동물마다 세상을 보는 방식이 완전히 다르고, 우리가 그것을 체험할 수는 없죠. 저는 박새가 될 수 없고, 박새도 제가 될 수 없어요.

그런 의미에서 보편적인 진리는 없을지도 모릅니다. 하지만 그렇기 때문에, 다른 동물들의 세계를 알게 됨으로써, 우리가 어떤 존재인지에 대한 이해가 깊어지는 것이 아닐까요?

야마기와 그렇습니다. 우리 인간도, 새도, 고릴라도 모두 진화의 산물이지만, 언어도, 삶의 방식도 서로 다르죠.

서로 다르지만, 공통점도 있다는 점이 흥미롭습니다. 새와 포유류가 갈라진 지 이미 1억 년이 넘었는데도 말이죠.

스즈키 동물 언어 연구는 단순히 동물의 세계를 이해하는 것뿐만 아니라, 우리 자신을 알기 위한 시도일지도 모릅니다.

4장 내달리는 언어, 뒤처지는 몸 요약

영장류의 진화사를 따라가 보면, 인간은 원래 음성보다는 시각적 의사소통에 의존했던 종이라는 사실을 알 수 있다.

문자는 복잡하고 추상적인 정보를 전달할 수 있지만, 문자로 표현되지 않는 정보를 모두 삭제해 버린다.

인간의 언어는 개별적인 기억을 하나의 이야기로 묶는 힘을 가지고 있다.

현대 사회가 언어에 의존함으로써, 인간은 비언어적 정보를 인식하지 못하게 될 가능성이 있다.

기술을 잘 활용하면, 언어에서 삭제되는 정보와 현대 사회의 편리함을 양립시킬 수 있다.

후기

어린 시절, 내가 가장 좋아했던 책은 『둘리틀 박사』 시리즈였다. 특히 첫 번째 작품인 「둘리틀 박사 이야기」는 수없이 반복해서 읽었다.

앵무새 폴리네시아에게 동물의 언어를 배운 둘리틀 박사는 오리 더브더브, 돼지 가브가브 등과 함께 살며 동물들을 치료하는 의사였다. 어느 날 아프리카에서 무서운 전염병이 원숭이들을 휩쓸고 있다는 소식을 듣고 동물들과 함께 모험을 떠나며 흥미로운 이야기가 펼쳐진다. 이 이야기는 훗날 내가 아프리카로 고릴라 연구를 떠나게 된 첫 번째 동기가 되었다.

그러나 일본원숭이를 연구하는 동안, 원숭이의 언어는 그들의 생태와 사회를 이해하지 않고서는 알 수 없으며, 그것이 결코 인간의 언어로 번역될 수 있는 것이 아님을 깨달았다. 인간의 언어도 갑작스럽게 생겨난 것이 아니라 과거에는 원숭이들과 많은 공통 요소를 가지고 있었을 것이다. 나는 그것이 무엇인지 알고 싶다는 마음을 항상 품고 있었다. 고릴라의 감성, 인지 능력, 그리고 커뮤니케이션과 같은 사회적 상호작용에 주목해 온 이유도 바로 그것이다.

그런데 최근 들어 인간과 계통적으로 멀리 떨어진 조류의 커뮤니케이션에서 인간과 매우 유사한 특징이 발견되었다는 보고가 들려오기 시작했다. 이 분야의 최전선을 이끄는 사람이 바로 본서에서 대담을 나눈 스즈키 도시타카 씨였다.

조류는 포유류처럼 후두를 통해 소리를 내는 것이 아니라 기도의 깊은 곳에 위치한 울음관(鳴管)에서 소리를 낸다. 특히 참새의 일종인 명금류는 복잡하고 다양한 노래를 부르는데, 그중에서도 박새, 진박새, 북방쇠박새 같은 새들은 생후에 노래를 학습하는 것으로 알려져 있다.

영장류의 음성이 타고난 것이라 생후에 바꾸기 어려운 것과 비교하면, 박새류는 학습을 통해 얼마든지 변화할 수 있는 점에서 인간의 언어와 더 유사하다고 할 수 있다. 더욱이 스즈키 씨는 이들의 음성이 단순히 상황 의존적인 감정을 전달하는 것에 그치지 않고, 명확한 의미를 전달하며, 음성의 조합에 따라 의미를 변화시킨다는 사실을 발견했다.

더 나아가 그는 이러한 의미를 활용하여 동종 또는 이종의 동료를 속이는 행동이 있음을 야외 실험을 통해 밝혀냈다.

스즈키 씨와 이야기를 나누면서 나는 영장류와 조류의 중요한 차이에 대해 깨달았다. 그것은 '날다'라는 공간을 자유롭게 이동할 수 있는 능력이 영장류에게는 없다는 점이다. 그렇기에 영장류인 인간의 언어는 시선이나 제스처와 같은 행동과 함께 의미가 달라진다.

반면, 3차원 세계를 빠르게 움직이는 조류는 음성 그 자체에 크게 의존한다. 이야기를 나누는 동안 음성을 사용한 커뮤니케이션의 특징과 그것이 진화한 배경이 어렴풋이 드러났고, 결국 현대 인간이 안고 있는 커뮤니케이션 문제에까지 논의가 이어졌다.

언어는 양날의 검이다. 우리는 매일 언어를 활용해 세상을 해석하고, 자신의 감정과 생각을 표현하며 다양한 연결을 만들어 나간다. 그러나 한편으로 우리는 언어에 휘둘려 오해와 의혹을 불러일으키고, 적대감이나 원한을 느끼거나 음모에 휘말려 심신이 상처받기도 한다. 마치 눈에 보이지 않는 마물이 들러붙은

듯, 언어에 의해 어둠의 세계로 끌려가는 경우가 있다. 특히, SNS를 통한 정보가 넘쳐나는 현대에서는, 한 국가의 대통령이 트위터에 남긴 한마디로 정치가 크게 움직이는 시대다.

도대체 왜 이런 일이 벌어진 것일까. 신약성경에 "태초에 말씀이 계셨다. 말씀은 하나님과 함께 계셨고, 말씀은 하나님이셨다."라고 써 있듯, 얼마 전까지 인간은 언어를 가진 존재로 다른 생물들과 엄격히 구별되며, 이 지구의 통치권을 신으로부터 위임받은 존재였다.

그러나 현대 과학은 인간의 절대성을 흔들기 시작했고, 인간이 지구를 관리하기는커녕 심각하게 파괴하고 있다는 사실을 밝혀냈다. 이 상태를 방치하면, 인간은 결국 스스로를 멸망시킬 것이다. 그 원인 중 일부는 우리가 언어에 지나치게 의존하고, 다른 형태의 커뮤니케이션을 소홀히 하고 있는 데 있지 않을까 싶다.

20세기 전반, 독일 생물학자 야콥 폰 윅스퀼은 '환경 세계(Umwelt)'라는 개념을 발표하며, 동물들은 각자 자신의 감각에 따라 서로 다른 환경에서 살아간다는 점을 지적했다. 같은 장소에 있어도 파리, 개, 인간이 인식하는 환경은 서로 다르다는 것이다. 동시대의 철학자 마르틴 하이데거는 윅스퀼의 말을 오해하여 “동물은 인간보다 빈약한 세계에서 살아간다”고 해석했다. 하지만 이는 잘못된 이해다. 동물들은 인간과는 다른 능력을 활용하여 각자 풍요로운 환경에서 살아가고 있으며, 결코 인간보다 열등하지 않다.

박새류나 유인원의 의사소통 방식은 각자가 서식하는 환경에서 풍요롭고 안전하게 살아가기 위해 진화해 왔다. 인간의 언어 역시 진화의 역사를 반영하고 있으며, 본래 다양한 환경에서 소규모 집단이 생존하기 위해 발전한 것이다. 그러나 이 기능은 인공적인 환경을 급속히 확장하고, 이에 맞춘 정보 통신 기술을 활용함으로써 크게 변형되었다.

우리의 심신은 아직 SNS나 인스타그램과 같은 현대적인 환경에 적응하지 못하고 있다. 이번 대화를 통해 드러난 인간의 원초적이고 본질적인 의사소통 방식을 염두에 두며, 우리가 현명하게 언어를 사용할 수 있는 세계를 만들어 가길 바란다. 인간의 세계를 벗어나 나눈 우리의 기묘한 문답이 도움이 된다면, 더할 나위 없이 기쁠 것이다.

야마기와 주이치

참고 문헌

- アイリーン・M・ペパーバーグ（2020）『アレックスと私』、佐柳信男訳、早川書房
- ジョン・オールコック、ダスティン・R・ルーベンスタイン（2021）『オールコック・ルーベンスタイン 動物行動学 原書11版』、松島俊也、相馬雅代、的場知之訳、丸善出版
- スティーヴン・ミズン（2006）『歌うネアンデルタール：音声と言語から見るヒトの進化』、熊谷淳子訳、早川書房
- ダニエル・エヴェレット（2020）『言語の起源：人類の最も偉大な発明』、松浦俊輔訳、白揚社
- ネイサン・エメリー（2018）『実は猫よりすごく賢い鳥の頭脳』、渡辺智訳、エクスナレッジ
- バーンド・ハインリッチ（1995）『ワタリガラスの謎』、渡辺政隆訳、どうぶつ社
- ファン・カルロス・ゴメス（2005）『霊長類のこころ：適応戦略としての認知発達と進化』、長谷川眞理子訳、新曜社
- フランク・B. ギル（2009）『鳥類学』、山階鳥類研究所訳、新樹社
- フランシーヌ・パターソン、ユージン・リンデン（1984）『ココ、お話しよう』、都守淳夫訳、どうぶつ社
- フランス・ドゥ・ヴァール（2010）『共感の時代へ：動物行動学が教えてくれること』、柴田裕之訳、紀伊國屋書店
- フランス・ドゥ・ヴァール（2014）『道徳性の起源：ボノボが教えてくれること』、柴田裕之訳、紀伊國屋書店
- フランス・ドゥ・ヴァール（2017）『動物の賢さがわかるほど人間は賢いのか』、松沢哲郎監訳、柴田裕之訳、紀伊國屋書店
- ベネディクト・アンダーソン（1987）『想像の共同体：ナショナリズムの起源と流行』、白石隆、白石さや訳、リブロポート
- リチャード・ドーキンス（2018）『利己的な遺伝子 40周年記念版』、日髙敏隆、岸由二、羽田節子、垂水雄二訳、紀伊國屋書店
- リチャード・バーン（1998）『考えるサル：知能の進化論』、小山高正、伊藤紀子訳、大月書店
- リチャード・ランガム（2020）『善と悪のパラドックス：ヒトの進化と〈自己家畜化〉の歴史』、依田卓巳訳、NTT出版
- ルトガー・ブレグマン（2021）『Humankind　希望の歴史』上下、野中香方子、文藝春秋
- ロビン・ダンバー（2011）『友達の数は何人？』、藤井留美訳、インターシフト
- ロビン・ダンバー（1998）『ことばの起源：猿の毛づくろい、人のゴシップ』、松浦俊輔、服部清美訳、青土社
- 上田恵介編（2016）『野外鳥類学を楽しむ』、海游舎
- 江口和洋編（2016）『鳥の行動生態学』京都大学学術出版会
- 岡ノ谷一夫、藤田耕司編（2022）『言語進化学の未来を共創する』、ひつじ書房
- 京都大学霊長類研究所編著（1992）『サル学なんでも小事典』、講談社
- 京都大学霊長類研究所編著（2009）『新しい霊長類学』、講談社
- 久世濃子（2018）『オランウータン：森の哲人は子育ての達人』東京大学出版会
- 幸田正典（2021）『魚にも自分がわかる：動物認知研究の最先端』、筑摩書房
- 中村美知夫（2009）『チンパンジー：ことばのない彼らが語ること』、中公新書
- 西田利貞（1994）『チンパンジーおもしろ観察記』、紀伊國屋書店
- 長谷川眞理子（2005）『クジャクの雄はなぜ美しい?』、紀伊國屋書店
- 藤田和生（1998）『比較認知科学への招待：「こころ」の進化学』、ナカニシヤ出版
- 松沢哲郎（1991）『チンパンジー・マインド：心と認識の世界』、岩波書店
- 山極寿一（2015）『ゴリラ　第2版』、東京大学出版会
- 山極寿一（2012）『家族進化論』、東京大学出版会
- 山極寿一（2012）『野生のゴリラと再会する：26年前のわたしを覚えていたタイタスの物語』、くもん出版
- 山極寿一（2022）『猿声人語』、青土社

옮긴이 김재민
일어 전문 번역가. 옮긴 책으로는 『내가 미래를 앞서가는 이유』, 『하류사회』가 있다.

동물들의 말말말

초판 1쇄 2026년 1월 14일

지은이 스즈키 도시타카, 야마기와 주이치
옮긴이 김재민

펴낸곳 데이원
출판등록 2017년 8월 31일 제2021-000322호

ISBN 979-11-7335-207-2 03490

* '도서출판 데이원'은 펜슬프리즘(주)의 임프린트입니다.
pencilprism.co.kr